全民瘋抓寶＠
錢進寶可夢商機

收服寶可夢玩家 & 非玩家的大錢潮

目錄　　　*Contents*

潮流的興起總會帶來一波商機，但這次很‧不‧一‧樣

　　寶可夢 8 月初在台灣正式開放下載，隔天我個人的臉書版面上幾乎都是 Pokémon GO 的消息，身為行銷人，我的第一個直覺就是：「商機來了！」你我都知道，每波潮流的興起，總會帶來一波新的商機或賺錢機會。就像臉書剛在台灣盛起的時候，店家紛紛推出「按讚」、「打卡」的優惠；LINE@ 興起後，店家也開始推出「掃描 QR Code」加入取得優惠券的活動。

　　而這波寶可夢的風潮也不例外！但我認為這次和前面的兩次會「完‧全‧不‧一‧樣」。主要在於寶可夢的互動性及實體性！因為以往並沒有一個網路活動能夠「如此誇張」地將 User 從線上引導到線下，而寶可夢做到了！所以，這對於實體店家來說，將會是一個必須要掌握的機會。

　　正當我在思考怎麼沒有人來討論關於「如何利用寶可夢這波趨勢來掌握商機」，來為自己的店家增加曝光率、提升品牌知名度、增加產品銷售量的時候。得知 NiNi 說她要出一本關於 Pokémon GO 的行銷書，我相當的興奮！NiNi 曾經在美國任天堂擔任過設計師，所以我相信從她的角度來分析關於寶可夢能為你帶來的機會是再適合不過了。

　　如果你今天想要了解如何利用這波潮流，來為自己的店家增加曝光、提升品牌知名度、增加產品銷售量，我相信這會是你必讀的書籍，真誠的推薦給各位。

——幼龍微創商學院　創辦人　洪幼龍

讓台灣的文創角色
藉由感動行銷走向國際

　　18 年前神奇寶貝襲捲全球，從 GameBoy 手機遊戲發展成動畫、電影、卡片遊戲，還有數不清的周邊商品，是用角色創造經濟圈的最佳典範。我創業 10 年的歷程一直跟角色經濟有很大關聯，曾經為日式動漫、美式卡通、大陸兒童遊戲，甚至是偶像明星開發過上千種周邊商品。

　　我與 NiNi 跟神奇寶貝有著莫名的緣分，十幾年前我的身分是神奇寶貝的周邊商品授權經理，而 NiNi 則是在美國任天堂公司為神奇寶貝設計包裝和周邊商品的設計師。NiNi 一直以來為創造華人的角色而努力，不但創作許多卡通角色，也開課教授相關的課程，是我在角色產業一起打拼的夥伴，很開心有這個機會幫她推薦這本書。

　　《全民瘋抓寶 @ 錢進寶可夢商機》這本書內容生動逗趣，並非一般商業書籍，雖然是以 Pokémon GO 為主題，內容還包含角色經濟的商業模式以及 NiNi 創造角色的經驗分享，可以提供想要進入角色產業的人一個明確的方向。因為了解角色經濟的商機，我創辦卡洛特（角色）公司來幫助台灣的文創角色藉由感動行銷走向國際，希望台灣的肖像（無奈熊、米粒大叔）能在此舞台發光發熱，也希望能夠在這一條路上和 NiNi 一起造夢。

——卡洛特股份有限公司　創辦人　李玉娟

嗅到商機就要最快掌握先機！

在電視台最輝煌的時代進入了新聞圈，我可以說一路看著台灣無線電視與有線電視的興衰。兩年前調到業務單位之後，更深刻的體會到傳統媒體受到行動載具所面臨的巨大衝擊。

根據 DMA（台北市數位行銷經營協會）的報告顯示，2015年台灣地區整體數位廣告量 193.52 億元，其中行動廣告（Mobile ads）為 49.26 億元，占了廣告量總額 25.45％，成長 115.4％。資策會調查數據也顯示，台灣智慧型手機的普及率在 2015 年上半年就已經達到 73.4％，很多人的生活已經離不開滑手機。

廣告主的投放策略從過去的電視硬廣告，逐漸轉移到觸擊率更廣的行動載具，而 Pokémon GO 的風行除了讓手遊從年輕人族群擴散到大眾，甚至成為一種「不跟就無法與他人有共同話題」的趨勢。這樣的觸及率使得 Pokémon GO 若能運用於行銷，顯然將產生可預期的效益。

NiNi 由於過去在任天堂的資歷，充分掌握此款遊戲的使用守則與未來更新資訊，讓讀者不管身在各行各業都可以從不同角度切入，運用 Pokémon GO 來行銷。它不但是坊間第一本實戰手冊，更能讓嗅到商機的朋友第一時間最快掌握先機！

——中視業務部　創意行銷中心經理　江宜汾

Pokémon GO 熱浪席捲全球，全世界為之瘋狂！

一個受歡迎的 IP（智慧財產權）建立其實是長期的養成工作，沒有過去眾多用戶對 Pokémon 的熱心支持，搭配上像擴增實境（AR）等新的技術應用，這股熱浪不會像海嘯一樣席捲全球。沒有 John Hanke 於 Google 任職期間在 Google Earth 上的長期積累，這款新的遊戲不會深入一般大眾的生活！

跟 NiNi 的結緣其實來自於敝公司的一個執念——如何將新一代的數位媒體的工具應用帶給所有的普羅大眾。這些當然奠基於數位媒體教育，也需要像 NiNi 一樣在第一線創作的人來傳道授業。我們衷心希望透過新一代的軟體工具，把過去被視為專業人士獨占的區塊解放出來。

學習快速動畫工具 iClone 或 CrazyTalk Animator 可以讓過去只能局限於單張繪圖的藝術家跨入 2D 或 3D 動畫的世界；對不會繪畫或 3D 建模的人們來說，他們的創意得到了一個可以發揮的出海口。

創作不再受限於工具，你的想像力有多大，你的世界便可全球無遠弗屆！像 NiNi 毫不藏私的分享，敝人誠然為有幸的讀者們感到欣喜，如何在新一代的數位媒體創作上走出一條不受限於小國寡眾的未來，會是將來努力的方向！

——甲尚科技公司　副總經理　陳封平

虛實整合的時代來臨，
一起創造一個好玩的世界吧！

　　每個人的童年都有陪伴自己長大的夥伴，我在日本出生長大，從有記憶以來動漫和遊戲就陪伴在我身邊。還記得小時候每天期待著看小叮噹、每週到書店購買少年周刊、下課後到同學家玩任天堂紅白機的童年時光；我一路經歷了遊戲最輝煌的時代，從任天堂紅白機、SEGA DreamCast、Sony PlayStation、微軟的 Xbox，到現在的手機遊戲時代，遊戲和漫畫一直都在我的生命中，也是這股對遊戲的熱情讓我有機會進入美國的任天堂公司工作。

　　我和寶可夢有很深的緣分，之前在美國任天堂工作的時候就曾經設計過寶可夢遊戲的包裝和宣傳品，那段時間寶可夢風靡全美國，不論在電視卡通、電影、遊戲、周邊商品，到處都可見寶可夢的身影，是精靈寶可夢最風光的年代。當時我負責的遊戲是「精靈寶可夢紅寶石」與「精靈寶可夢藍寶石」，為了遊戲的包裝與周邊設計經常跟任天堂的寶可夢部門打交道，因此和寶可夢

➤ 我在美國西雅圖的「皮卡丘之家」

結下不解之緣，甚至在公司年末出清的時候買了一個大型的皮卡丘模型放在家門口，鄰居都說我家是「皮卡丘之家」，甚至

還會有人來敲門問說是否可以跟皮卡丘照相！

當我知道 Pokémon GO 在台灣上架的時候真的很興奮，仿佛看到遺忘已久的老朋友突然出現對我招手，內心在充滿感動與熱情的驅動下決定提筆寫這一本書。

任天堂的遊戲設計一直以來都希望把人聚集在一起，而不是自己宅在家裡玩遊戲。我非常認同任天堂的理念——用遊戲帶給人們更多歡樂與連結。Pokémon GO 做到了這一點，把人從家裡帶到戶外，讓玩家願意到外面的世界探險。Pokémon GO 一上市就帶動了許多商機，各行各業都想要和 Pokémon GO 結合，除此之外，只要跟 Pokémon GO 的產業鏈有關聯的企業全部受惠，日本媒體創造出「寶可夢經濟學」（Pokénomics）這個新字來形容這股熱潮！

能夠產生這樣的熱潮，寶可夢的「IP」（智慧財產權）以及把虛擬遊戲帶入現實生活的「遊戲化」（Gamification）與 AR 技術功不可沒。本書除了探討 Pokémon GO 遊戲所帶來的商機與行銷策略外，我也分享了多年研究「角色產業」和「遊戲化設計」的精髓，教大家如何企劃吸引人的角色故事，以及企劃好玩、高黏著度、吸引人的行銷活動！

當未來虛實整合的時代來臨，人類的生活和消費模式會完全不同，許多之前在科幻電影出現的場景即將進入我們的生活。Pokémon GO 只是新時代的開端，不論科技如何進步，行銷的對象都是人，成功關鍵在於讓整個活動變好玩、帶給參與者歡樂與喜悅，一起創造一個好玩的世界！

謝昊霓 NiNi

序論

Pokémon GO
新手訓練

如果你想開始進行Pokémon GO行銷，
建議你對遊戲的玩法要有一定程度的了解，
如此才能了解玩家的心態並且設計吸引玩家的
行銷活動。本章節簡單介紹最基本的遊戲玩法，
請你也下載遊戲一起來體驗寶可夢的世界。

 **進入遊戲的方法**

1. 首先來到 APP 商店搜尋 Pokémon GO。下載後打開遊戲，遊戲會要求你登入 google 帳號。

2. 選擇玩家的造型後進入遊戲畫面，看地圖分辨你的地點或周圍是否為補給站或道館。在畫面中藍色的柱子是補給站（PokéStop）；頂樓站著一隻寶可夢的建築物就是道館。你從地圖中可以看見你的位置旁邊有沒有這些地標。

➡圖片來源：本頁圖片截圖自 Pokémon GO 遊戲畫面。

3. 如果有補給站，按進補給站的畫
面，確認你的地點是否距離夠近。
若是距離太遠，在畫面下面會出現
警告訊息。

0.2 你必須了解的 Pokémon GO 用語

0.2.1 寶貝蛋

寶可夢就像恐龍一樣會從蛋裡面孵
化，而玩家必須走路來孵化這些蛋，
這就是為什麼有這麼多人在街上徘
徊。所有的蛋都有孵化周期，通常稀
有的寶可夢孵化周期較長，你必須走
比較遠的路才能夠孵化。走 10 公里
才能孵化的寶可夢，絕對比只要走 2
公里就能孵化的寶可夢來得稀有。記
得要把寶貝蛋放進孵蛋器裡面，否則
這些蛋不會自動孵化。

➥ 本頁圖片來源：截圖自
Pokémon GO 遊戲畫面。

玩家一開始有一個不限使用次數的孵蛋器，如果想要一次孵化更多蛋，就需要再得到孵蛋器。

0.2.2 寶可夢補給站（PokéStop）

這是玩家獲取寶貝蛋和重要道具的地方，也是野生寶可夢容易出現的地點。由於玩家們為了抓寶和獲得道具會到處搜尋補給站，如果你的商店在補給站附近，恭喜你擁有比別的商家更有利的條件吸引到人潮。後面章節將會講解吸引玩家的策略。

0.2.3 熏香（Incense）

用來吸引寶可夢的工具。熏香持續的時間為 30 分鐘，與誘餌裝置不同的是熏香只作用在使用者身上，商業價值比較低，但還是有活用熏香的方法，後面會再跟大家說明。

➡本頁圖片來源：截圖自 Pokémon GO 遊戲畫面。

0.2.4 誘餌裝置（Lure moduale）

這是吸引寶可夢出現的道具，但僅限於在補給站使用。使用後補給站會變成櫻花樹開始灑花，寶可夢的出現率將大大增加。由於玩家會在地圖上觀察到附近有哪些地方在飄櫻花前去抓寶，如果你的商店正好在補給站旁邊，誘餌裝置是非常重要的行銷道具。

0.2.5 道館

這是 Pokémon Go 的戰場，也是考驗每位玩家的地方，這個地點就像是磁鐵一樣吸引著玩家前往。道館的數量比補給站少很多，如果你的商店就在道館旁邊，或正好就是一間道館，你就像是中了樂透頭獎一樣的幸運！

➙ 本頁圖片來源：截圖自 Pokémon GO 遊戲畫面。

0.2.6 PokéCoins

遊戲發行的貨幣，您可以使用它來購買遊戲內販賣的道具。

雖然還有許多其他的遊戲道具，我們在這裡先著重介紹對商業行銷有用的道具，讓你可以快速上手。其餘跟商業運用無關的道具會列在附錄給大家做參考。

➡ 圖片來源：截圖自
Pokémon GO 遊戲畫面。

0.3　快速遊戲指南

Pokémon GO 是一款在 Android 和 iOS 平台發行的手機遊戲，允許玩家在現實世界中搜索以及捕獲寶可夢。2016 年 7 月 6 日在澳大利亞和紐西蘭首度發行，後來進軍亞洲地區，在 2016 年 8 月 6 日登陸台灣。

行銷補給站

請成為一名玩家！如果你自己也是玩家，就更能了解玩家們的需求以及遊戲的魅力，相信你也可以設計出更吸引玩家的優惠活動。和客戶交流時，也將有更多話題可以聊，拉近彼此之間的距離。

接下來簡單介紹最基礎的遊戲玩法，請你也下載遊戲一起來體驗寶可夢的世界。

0.3.1 捕捉寶可夢

進入遊戲之後，你會看到地圖畫面，一開始可以從小火龍、妙蛙種子、傑尼龜當中選取一隻寶可夢。如果你想要第一隻就得到皮卡丘，你必須不理會這三隻寶可夢，走路離開現有的地圖畫面，多走幾次皮卡丘就會出現！

你依照喜好選擇一隻寶可夢後，就會進入捕捉寶可夢的遊戲畫面。這時候遊戲會詢問你要不要開啟 AR 相機，如果開啟相機就可以用現實世界當背景畫面來抓寶可夢；你可以在家裡面的浴室、客廳等地方看見寶可夢，還能拿著手機四處尋找寶可夢的蹤跡，AR 相機將虛擬和真實世界融合，讓你體驗在真實世界抓寶的感受。

有些手機不支援 AR 相機，或是有些玩家為了省電會選擇關閉 AR 相機。關閉 AR 相機之後，畫面上就會出現

➥ 本頁圖片來源：截圖自 Pokémon GO 遊戲畫面。

正常的遊戲場景，寶可夢就只會出現在畫面的正中間，不會像開啟 AR 相機的時候出現在周圍不同位置。

在進入捕捉畫面時也可以開啟照相功能，按下畫面右下角的相機圖標，就可以拍下捕捉寶可夢的畫面，這張圖片將儲存在手機的相本中。

捕捉寶可夢時，需要用手滑動寶貝球，把寶貝球丟向畫面中的寶可夢，命中的話就有機會收服它成為你的寵物。在寶可夢的頭上會出現名字和 CP 值（戰鬥值），CP 值高代表這隻寶可夢比較強，被寶貝球丟中後逃走的機率也比較高，這時候就要改用更高級的寶貝球來捕捉。

遇到 CP 值高的寶可夢可以先餵食「樹莓」（Razz Berry），讓它不容易逃走也更容易捕捉。

你按下畫面右邊的背包按鈕，就能夠選擇樹莓，再按一下使用樹莓就會餵食寶可夢，餵完之後就可以繼續捕捉。

➡ 本頁圖片來源：截圖自 Pokémon GO 遊戲畫面。

當你的等級提升之後就可以在補給站拿到高級寶貝球

（Great Ball）和超級寶貝球（Ultra Ball），二者抓寶的成功率會比普通的紅色寶貝球來得高，適合捕捉強大的寶可夢。由於拿到這兩種球的機會比較少，建議平常不要隨便使用，免得當遇到稀有寶可夢時，身上卻只有紅色的普通寶貝球，到時候就欲哭無淚了。

當你把寶貝球丟向寶可夢的時候可以注意寶可夢周圍圓圈顯示的顏色：

★綠色代表很好抓，用普通寶貝球就可以了。

★橘色代表很難抓，使用高級寶貝球比較好。

★紅色代表超級難抓，最好使用超級寶貝球。

當你丟中寶可夢就會出現寶貝球的動畫，此時候就是緊張的時刻，等著看寶可夢會不會被收服成功。如果捕捉失敗，寶可夢逃出寶貝球，你就需要再丟一次，比較難抓的寶可夢就要多抓幾次，運氣不好的話寶可夢也可能直接跑走，這是最讓人火大的時刻！

因為寶可夢出現的位置和遠近距離不同，操作不靈活的玩家可能會耗

→ 圖片來源：截圖自 Pokémon GO 遊戲畫面。

損大量寶貝球。這個時候補給站的重要性就很明顯，只有在補給站才能獲得寶貝球、樹莓、寶貝蛋等各種道具。沒有補給站就連最基本的寶貝球都拿不到，根本無法玩遊戲。

行 銷 補 給 站

玩家每 5 分鐘就可以進入同一個補給站獲取道具，每次都會獲得 50 點經驗值，而且寶可夢們最容易在補給站旁邊出現！說補給站是這款遊戲最主要的地標真的不為過。

這款遊戲的任務之一就是收集全部的寶可夢，想了解自己收集了多少寶可夢，可以點選畫面下方的寶貝球進入選項，然後按下寶可夢圖鑑（Pokédex）按鈕，就可以看到你目前收集到哪些寶可夢。

0.3.2 補給站的使用方法

還沒有使用過的補給站是藍色的；而使用過的補給站呈現紫色，補給站每隔 5 分鐘可以再次使用。你只要點選補給站就會進入補給站畫面，中間有一個圓圈，滑動圓圈就會隨機出現不同的道具，按下圓圈下面的關閉按鈕就會拿到所有的道具並且回到地圖畫面。

➥ 本頁圖片來源：截圖自 Pokémon GO 遊戲畫面。

0.3.3 走路孵寶貝蛋

寶可夢除了用捕獲的方式，也可以用孵蛋的方式獲得。寶貝蛋可以從補給站或玩家升級的時候獲得，在遊戲中必須以步行方式來孵蛋，稀有寶可夢的出現機率會依照寶貝蛋的孵化所需距離而不同。

★2 公里的寶貝蛋：有機會孵出普通的寶可夢。

★5 公里的寶貝蛋：有機會孵出比較強的寶可夢。

★10 公里的寶貝蛋：有機會孵出很強的寶可夢，也有機會孵出稀有寶可夢。

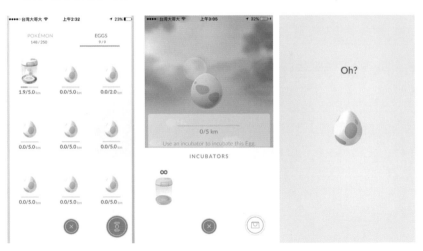

➞ 本頁圖片來源：截圖自 Pokémon GO 遊戲畫面。

你必須先把寶貝蛋放入孵蛋器中才會開始孵蛋；按畫面下方的寶貝球圖案進入選擇畫面，點選「寶可夢」（Pokémon），然後選擇「蛋」（Eggs），你會看見目前

所擁有的寶貝蛋，選擇一顆蛋之後就會出現孵蛋器的選項，點選孵蛋器，按下「開始孵蛋」按鈕，你就可以開始走路孵蛋了！

孵蛋就像在玩轉蛋機一樣，在還沒孵化之前根本不知道會出現哪一隻寶可夢。當孵化完成的畫面出現，此時是玩家最忐忑不安的時刻，因為 10 公里的蛋不一定會孵出稀有的寶可夢，心情是又期待又怕受傷害。

有些玩家為了不想走路孵蛋無所不用其極，想出各種自創孵蛋法，如果你能開發出自動孵蛋的機器一定會大賣。

詳情請看 4.1「商品／APP 開發者的商機」單元。

0.3.4 強化與進化寶可夢

在遊戲中你每天會捕捉到很多寶可夢，如果你沒有離開特定的區域，很大的機會你會抓到一堆重複的寶可夢。到底抓這麼多重複的寶可夢有何用處呢？其實，重複抓到的寶可夢，可以用來強化與進化寶可夢！

當你捕捉到寶可夢就會得到星塵和糖果，等你收集足夠的星塵和糖果，就可以到寶可夢清單中選擇一隻寶可夢，按強化按鈕增加這隻寶可夢的 CP 值（戰鬥力）。

為了收集星塵以及讓玩家本身升級，你必須一直捕捉寶可夢，就算是已經抓過的寶可夢也會給你星塵與經驗值。當

玩家的級數愈高，能捕捉到的寶可夢愈強、能獲得的道具就愈高級！

→ 本頁圖片來源：截圖自 Pokémon GO 遊戲畫面。

如果想進化寶可夢，就需要收集大量的糖果才能進化。舉例來說鯉魚王就需要 400 顆糖果才能進化。

不論你要強化或是進化寶可夢，只能用同一種寶可夢的糖果才行；傑尼龜只能使用傑尼龜糖果、皮卡丘只能使用皮卡丘糖果，以此類推。

想取得糖果，你必須把多餘的寶可夢傳送回去給博士，每送一隻回去博士就會給你同類型寶可夢的糖果。把鯉魚王送回去給博士就會送你鯉魚王糖果，把傑尼龜送回去給博士就會送你傑尼龜糖果。

在傳送寶可夢之前你可以請陣營的隊長為你的寶可夢作評價，按下評價按鈕，隊長會告訴你這隻寶可夢值不值得培養，你可以保留體質好的寶可夢，把體質差的寶可夢送走。

☝ 評價好壞的懶人包請看特別企劃 A.6。

選擇想送走的寶可夢，按下傳送按鈕（TRANSFER）就會出現一個確認界面，再按下「YES」按鈕就會把寶可夢送走。為了強化與進化，玩家會持續捕捉已經捕捉過的寶可夢！

➥ 本頁圖片來源：截圖自 Pokémon GO 遊戲畫面。

行銷補給站

教會你的客戶如何收集與強化寶可夢 —— 有些玩家或許不清楚抓了這麼多寶可夢之後要做什麼，容易失去玩遊戲的目標。遇到不太會玩遊戲的客戶，你可以告訴他如何查看寶可夢圖鑑，以及簡單的強化與進化的方法。當玩家知道自己還沒有收集全部的寶可夢，也知道如何強化與進化寶可夢之後，就有可能激起玩遊戲的熱情。愈多人玩遊戲，對你愈有利。

0.3.5 道館戰鬥與熱門寶可夢

道館是玩家在遊戲中可以對戰的地方，強化與進化寶可夢的最大目的就是在戰鬥中取得勝利，成為寶可夢大師。這也是為何玩家會想捕捉強大的寶可夢，取得戰場中的優勢！

目前道館都被等級較高的玩家占領，一般休閒玩家不一定有機會體驗戰鬥的樂趣。等個人對戰模式開放之後，相信會有更多玩家想培養自己的寶可夢與朋友們一起戰鬥。

➡ 本頁圖片來源：截圖自 Pokémon GO 遊戲畫面。

☞ 道館戰鬥的部分會在 2.4「我的商店在是道館，接下來該做什麼？」的單元解說。

☞ 「熱門寶可夢清單」請看特別企劃 A.3。

另外，目前遊戲也開放申請地標變更，哪些地點太危險不適合成為補給站或道館，或是你的住家變成道館覺得很困擾也可以申請從遊戲中移除，但是不保證一定會通過。

Ch1
Pokémon GO大事記

Pokémon GO是一款讓玩家在現實世界中
捕捉寶可夢的遊戲，
其受歡迎程度已經到了瘋狂的境界。
現在讓我們找出這款遊戲成功的原因，
並且了解Pokémon GO能為您提供哪些商機！
首先，就從了解精靈寶可夢的世界觀，
進入寶可夢的世界！

 **精靈寶可夢系列如何產生**

精靈寶可夢系列跨越 6 代版本,是任天堂聞名全球的瑪利歐系列以外的第二大品牌。

精靈寶可夢系列一開始是由日本 GAME FREAK 代表——田尻智一於 1995 年開發,而後與任天堂合作在 1996 年推出的一款 Game Boy(掌上型遊戲機)遊戲。原作者小時候喜歡到處捕捉與收集昆蟲,在設計精靈寶可夢系列的時候就是延續了童年的回憶和樂趣。

精靈寶可夢系列開始於 1996 年 2 月 26 日,在日本任天堂的 Game Boy 上推出結果大受歡迎。精靈寶可夢系列從一開始就有交換寶可夢的概念,所以遊戲一上市才會有紅色和綠色兩個版本,不同的版本有各自限定的寶可夢,玩家必須靠交換才能取得。後續的寶可夢遊戲,每次上市都會有不同顏色版本,維持讓玩家互相交流、交換寶可夢的傳統。

Pokémon GO 甫上市時沒有開放玩家交換寶可夢的功能,但官方一直將交換功能列為遊戲更新的重要項目。交換寶可夢的功能開放後會促進人與人之間的交流,也會有全新的行銷模式產生。

繼 1996 年的紅、綠版本首發成功之後，任天堂於 1998 年再度發布藍色版本，並且推出了目前還大受歡迎的寶可夢卡牌遊戲，相信很多人都有收集寶可夢卡片的回憶。

精靈寶可夢系列一直到現在都還陸續推出新遊戲，延續力非常驚人。我在美國任天堂工作期間正好就是這一段寶可夢爆紅的時期，在公司也只有瑪利歐的人氣可以抗衡。美國任天堂公司裡面還有一個寶可夢部門，專門負責與寶可夢公司接洽業務，可見任天堂對於寶可夢的重視程度。

除了遊戲以外，精靈寶可夢系列還有電影、電視卡通、玩具、卡牌遊戲等各式各樣的周邊發展，新種類的寶可夢也陸續出現，截至第 6 代共有 721 隻寶可夢，每年也持續出現新一代的寶可夢。Pokémon GO 首波只開放其中 151 隻，未來會有更多寶可夢出現在遊戲中。

Pokémon

1.2 寶可夢為何受歡迎？

寶可夢最原始的世界觀，就是世界上存在著各式各樣不同的寶可夢，只要擁有寶貝球就可以捕獲，並且稱呼這些專門捕獲寶可夢的人為寶可夢訓練師。

訓練師必須到處收集寶可夢，捕獲之後要訓練與進化自己的寶可夢，然後去道館比賽。最終的目標就是組一個最強的團隊贏得比賽，成為寶可夢大師！

故事的男主角——小智，就是一個夢想成為寶可夢大師的男孩！為了自己的夢想，小智離開家鄉踏上成為寶可夢大師的道路，他獲得的第一隻寶可夢就是皮卡丘！在旅途中小智和皮卡丘的感情愈來愈好，也和皮卡丘一起捕獲小火龍、傑尼龜、妙蛙種子等各式各樣的寶可夢。然後和志同道合的夥伴們相遇，大家一起組隊打道館，互相扶持往大師的目標邁進。

寶可夢遊戲的基本架構就如同故事一樣，玩家就是一個以成為大師為目標的寶可夢訓練師，這也是為何玩家需要跑到不同的地方抓寶可夢，然後聚集在道館比賽。遊戲其中一個目標就是收集所有的寶可夢，只要新的寶可夢出來，玩家就會想要收集，這也是這款遊戲能夠持續20年的原因之一。

就是你了！！

 **1.3** 我在任天堂的寶可夢經驗談

我曾經在美國的任天堂分公司擔任設計師 5 年，在任天堂公司進行工作，通常我們是依照遊戲做分配。假設你被分配到一款遊戲，這款遊戲的包裝、手冊、光碟片、行銷宣傳品、周邊商品等全部就會由你一個人負責。

在設計部門，設計師們最怕被分配到的遊戲就是「精靈寶可夢」系列。這款遊戲是屬於寶可夢公司授權的，所有對外的設計，除了需要經過任天堂總公司的確認之外，還需要經過寶可夢公司的審核，整個審查流程繁瑣費時！

我曾經負責過寶可夢紅寶石以及寶可夢藍寶石的遊戲，寶可夢公司非常重視每一隻寶可夢的顏色、尺寸以及位置，常常在設計完成後還需要做很多微調。雖然在過程中吃了不少苦頭，但我可以體會到寶可夢公司真的非常重視自己旗下的角色，總是要調整到最完美的精神也很值得佩服。

或許就是這一份對寶可夢的熱愛以及用心，讓這個系列可以死灰復燃，再一次風靡全世界！

1.4 什麼是 Pokémon GO ？

「精靈寶可夢 GO」（Pokémon GO）這款人氣手機遊戲是由 Google 分拆出來的遊戲公司 Niantic 所開發，角色的版權為寶可夢公司（Pokémon Company）授權，後者是任天堂、GAME FREAK 和 Creatures 的合資公司，由任天堂持股 32％。據統計，Pokémon GO 是史上最快，僅花七天下載數突破 1,000 萬次的遊戲，締造遊戲史上破天荒的紀錄！

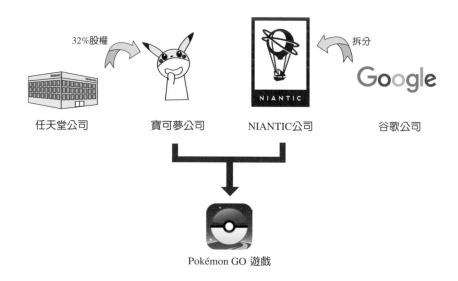

任天堂公司　　　寶可夢公司　　　NIANTIC公司　　　谷歌公司

Pokémon GO 遊戲

根據《金氏世界紀錄官方新聞稿》—— Pokémon GO 打破了五項金氏世界紀錄：

★首月獲得最多營收的手機遊戲

Pokémon GO 上市第一個月的營收超過 2 億 650 萬美元，成為首月獲得最多營收的手機遊戲！

★首月玩家下載數量最多的手機遊戲

自從 2016 年 7 月 6 日上架開始計算，首月就被下載超過 1 億 3 千萬次！

★首月在最多國家成為排行榜第一名的手機遊戲

Pokémon GO 在第一個月就成為 70 幾個國家的手機 APP 遊戲下載排行榜的榜首！

★首月在最多國家成為營收排行榜冠軍的手機遊戲

第一個月就在 55 個國家及地區，成為手機遊戲營收排行榜的冠軍！

★在最快的時間讓營收超過 1 億美元的手機遊戲

Pokémon GO 僅僅花 20 天的時間，營收就突破 1 億美元，實在太神奇了！

不「宅」的遊戲趨勢

Pokémon GO 的主要遊戲目的是讓玩家在真實生活中搜尋並且捕捉寶可夢。除了隨機遇到寶可夢之外，很多真實世界的地標被設置為補給站（PokéStop）或道館（Gym）。

在補給站，玩家可以獲取寶貝球、寶貝蛋和各種道具；在道館，玩家可以用寶可夢和其他人對戰，獲得獎勵與遊戲幣。

從以前到現在，大多數的遊戲都是坐在電腦前面，或是在家裡、辦公室滑手機就可以玩。

Pokémon GO 不同於其他遊戲的地方，就是它讓玩家們願意走出去。因為這款遊戲是以擴增實境的方式進行，所以玩家必須走進真實的世界裡面到處收集寶可夢、到補給站補充寶貝球與各種道具用品，然後再去道館與其他玩家比賽來攻占或是捍衛自己的領土。如此嶄新的遊戲模式讓 Pokémon GO 在遊戲史上贏得非常具有代表性的地位。

這款遊戲不但促使玩家走出戶外，對於經營者來說，此遊戲模式更是可以帶來無限的商機。除了遊戲本身之外，周邊商品的需求猛增，而且帶動了非常龐大的商機，現在是搭上寶可夢熱潮的最佳時機！

擴增實境技術讓玩家出門玩遊戲的新鮮體驗，結合精靈寶可夢系列的魅力，讓這款遊戲獲得前所未有的成功。

 **1.5** Pokémon GO 產生的瘋狂現象

這款遊戲要人們帶著手機出門捕捉寶可夢,因此玩家會聚集在遊戲中的地標玩遊戲,形成一種獨特的社會現象,許多奇特的景象層出不窮。

1.5.1 歐美

★ 澳洲是第一批開放的國家,大批澳洲 Pokémon GO 玩家為了一隻 3D 龍「占領街道」。

★ 在澳洲有許多玩家進去警察局抓寶,警察局發文禁止在警局內抓寶可夢。

★ 在加拿大有男孩為了玩 Pokémon GO,不小心走過加拿大邊境到美國,被美國海關扣留。

★ 在美國有玩家在社群媒體發布消息,在某一個地點抓到傑尼龜,結果一大群人三更半夜跑到特定的地標,一邊玩手機一邊喊著傑尼龜,形成不可思議的景象。

★ 美國有玩家用無人機抓寶可夢。

★ 美國海軍推出新的募兵廣告,廣告中提到「這工作可以帶你去世界各地抓寶可夢」,引發爭議。

★ 許多坑家半夜跑到墓地,企圖捕捉幽靈屬性寶可夢!

★ 電視台女主播邊走邊玩 Pokémon GO,不小心進入正在直播的氣象節目也沒有發現,令人啼笑皆非。

由於遊戲中有 4 款歐洲、亞洲、美洲，以及澳洲限定的寶可夢，美國最強玩家 Nick Johnson 獲得贊助，飛到澳洲、歐洲、香港展開環遊世界捉寶可夢之旅。

1.5.2 日本

日本是寶可夢的發源地，瘋狂程度自然不在話下。

★日本在遊戲上架 3 天內至少發生 36 起交通事故，違規取締次數也高達 71 件。

★有日本玩家跑到日本自殺聖地「樹海」抓寶，還沿路記錄捕捉到哪些寶可夢。玩遊戲也要注意安全，這樣的行為並不值得鼓勵，但是從這裡我們可以看到這款遊戲對玩家的吸引力和影響力！

★日本政府在遊戲發行之前，還用圖文漫畫製作了一張給寶可夢訓練師的注意事項，提醒玩家要「保護個資」、「小心中暑」、「不要邊走邊玩」，可見這股寶可夢風潮有多麼的瘋狂！

➡日本政府製作的給寶可夢訓練師注意事項。圖取自 NISC 網站 www.nisc.go.jp/

★日本還有玩家迷上 Pokémon GO 之後居然在直升機上面抓寶！聽說這一趟旅程就抓了不少寶可夢，令許多玩家羨慕。

★因為玩家常聚集的關係，有些地方會禁止玩 Pokémon GO，很多日本的神社在門口張貼告示，請訓練師們不要在神社抓寶可夢，避免打擾神明的清靜。

★全國鐵道、地下鐵協會甚至聯署要求遊戲開發商 Niantic 把所有的遊戲地標避開車站，以免旅客玩手機不注意路況，造成危險。

有些場所不希望玩家聚集，但是對於需要人潮的地方來說，這是一個求之不得的好機會！日本鳥取縣的知事（縣長）為了推廣地方觀光，在「鳥取沙丘」設立「Pokémon GO 解放區」，公開鼓勵玩家到「鳥取沙丘」抓寶，強調一望無際的沙丘絕對安全，玩家邊玩手機也不會摔倒受傷。

➜ 日本鳥取縣的「鳥取沙丘」
　圖片來源：作者　百樂兔　截圖自 http://zh.wikipedia.org/wiki/ 鳥取沙丘

☝ 在 4.4「觀光旅遊業的商機」中我們再來討論這個案例。

1.5.3 台灣

★ 精靈寶可夢 GO（Pokémon GO）席捲
全台百貨，一上市的週末逛街人潮增加
5 成，百貨公司行動電源出借數量比以
往增加 3 倍。台北市的 SOGO 忠孝館
和 SOGO 復興館都是遊戲中的道館，
整天都可以看到道館在戰鬥狀態。許
多百貨公司趁勢紛紛推出抓寶活動！

➡ 台北京華城為寶可
夢推出的行銷活動。
圖片來源：台北京
華城門口攝影

★ 寶可夢的抓寶風潮影響交通安全，新
北市警方一天就開出 51 張罰單。

★ 公園裡面聚集大量人潮，大家低頭抓
寶！尤其在台灣的抓寶聖地「北投公
園」，當稀有的寶可夢「卡比獸」、「快
龍」出現時，居然造成北投公園擠滿
人潮，交通大打結。警方曾經在一個
晚上就開出 69 張違規罰單，10 天開單
破 300 張！

➡ 北投公園櫻花盛開的
壯觀景色。
圖片來源：遊戲畫面

★ 除了北投公園之外，新竹的南寮漁港，
還有許多地區也變成是寶可夢訓練師
的抓寶聖地！

★ 玩家為了幫手機充電的方法五花八門，有人帶著汽車電
瓶抓寶，有人擺攤提供充電做生意，甚至還有玩家帶不
斷電系統前往公園抓寶！

有趣的是，在台灣許多彩繪變電箱都成
為補給站，因此也出現玩家到變電箱前
面玩遊戲的趣味現象。我從來沒有發現
家裡附近居然有這麼多變電箱，這些變
電箱們終於出頭天，成為大家注目的焦
點。上述的現象帶給社會很大的衝擊，
引發許多討論。

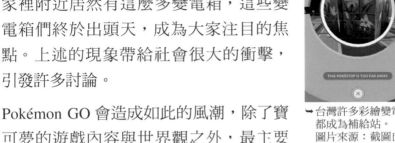

➡ 台灣許多彩繪變電箱
都成為補給站。
圖片來源：截圖自遊
戲畫面

Pokémon GO 會造成如此的風潮，除了寶
可夢的遊戲內容與世界觀之外，最主要
是因為擴增實境（AR）的技術，把虛擬
世界與現實世界做結合。如果今天出現的只是一個在手機
上抓寶可夢的遊戲，絕對不會發生這些瘋狂現象。

就像網路剛開始進入人類生活的時候也造成很大的恐慌，
但是現在哪一個人的生活沒有使用網路？從現在開始會有
擴增實境（AR）、虛擬實境（VR）、混合實境（MR）
等科技進入我們的生活，從 Google 眼鏡、HTC 的 Vive、
還有許多正在研發的技術將會顛覆我們的生活型態，
Pokémon GO 只是為人類的新時代揭開序幕而已。

打破都市隔閡的集體遊戲

Pokémon GO 是一款在戶外玩的集體遊戲，
遊戲上市後玩家開始聚集在補給站或道館玩
遊戲，當你去到一個據點，看到其他人也同
時在玩遊戲時，會有遇見「夥伴」的溫馨感

受。大家一邊等待寶可夢出現、一邊聊天，還有玩家會大聲提醒身邊同伴，寶可夢出現了！

遊戲給人的印象都是把人帶進遊戲的世界，Pokémon GO 反而是把人帶出去戶外，而且有一個共同的目的和話題來促進人與人之間的互動，尤其對都市人來說是難得的交流機會。

不但人們有機會交流，連動物們都受益

新北市動保處藉著遊戲熱潮宣傳：「新北市 8 處動物之家，歡迎玩家前來園區一邊抓寶孵蛋，一邊帶毛小孩散步。」這種一舉數得的作法非常值得推廣！透過寶可夢的風潮增加動物之家的曝光度，讓民眾玩得開心之外，也能多和毛小孩們相處、提升領養的意願。

除了商業運用，相信只要有創意，還有更多地方可以善用 Pokémon GO 這款遊戲帶動風氣，並且活用在各種不同的領域。

1.6　城鄉差距現象

由於 Pokémon GO 是一款擴增實境遊戲，補給站和道館的位置以及密集程度都不一樣，玩家打開遊戲畫面就可以看到自己家附近的地標分布圖。一般來說大城市，尤其在市

中心會有非常多的地標，愈偏僻的地方地標就愈分散，甚至在某些地方是連一個補給站都沒有，更別提道館了！

為什麼會有這樣的城鄉差距呢？這個原因也和為什麼台灣有那麼多變電箱成為補給站有很大的關聯。Pokémon GO 的遊戲規則是承襲開發商 Niantic 的前一款 AR 遊戲——Ingress，這是一款讓玩家帶著手機四處移動，取得物件來完成任務或占領領土的遊戲。官方為了讓地圖更完整，開放給玩家登入申請，只要官方審核通過後就可以成為地圖中的 Portal

➡ Niantic 的前一款遊戲 Ingress。
圖片來源：截圖於手機遊戲畫面

（入口）。申請的物件中以藝術品、地標、彩繪變電箱、壁畫、捷運站等最容易通過審核，所以這一類型的物件就特別多。

Pokémon GO 承襲了 Ingress 的地圖，所以一夕之間這些藝術品、彩繪變電箱就成為補給站和道館，只能說當時玩 Ingress 的台灣玩家真的超喜歡變電箱！

除了城鄉之間物件分布的疏密程度不一之外，很大的可能性是當時的玩家都集中在都市，導致郊區申請的人並不多，造成現在很大的城鄉差距。

這是我台東的朋友從自己家看出去的景象，附近連一個補給站都沒有，得要跑到市區才能玩遊戲。

這也讓人聯想到動畫中的男主角——小智，需要離開家鄉到其他地方探險，因為男主角的故鄉太偏僻，連個補給站都沒有，要如何成為寶可夢大師呢？

➥台東朋友家附近的荒涼景象。

有台灣網友在網路上分享金門地區的地圖，上面幾乎都沒有地標；日本北海道的網友也表示根本沒有寶可夢可以抓，這是一個給城市人玩的遊戲！

反觀在台北、香港、東京或美國舊金山等大城市，在市中心都是密密麻麻的補給站和道館，許多的補給站都飄著櫻花雨（如果有人在補給站放置「誘餌裝置」，這個補給站地標就會變成櫻花樹，畫面會顯示下櫻花雨的動畫）。

城鄉差距對開發商來說並不是一件好事，站在商業的角度當然是愈多人可以玩遊戲愈好，希望未來會有新的方式解決目前城鄉差距的問題。

➥台北市到處都是補給站與道館。
本頁圖片來源：截圖於手機遊戲畫面

遊戲會用地標作為補給站和道館，其實和背後的商業模式有很大的關係。你千萬不要把 Pokémon GO 想成只是一個剛好爆紅的手機遊戲；今天如果只是一個單純讓玩家可以抓寶的遊戲，絕對不可能造成這麼大的轟動與熱潮。平心而論，市面上有好幾萬款手機遊戲，若要單純比遊戲設計，Pokémon GO 並沒有比其他遊戲好玩，這款遊戲成功的地方就是在於結合了擴增實境（AR）的技術，而這個功能背後就有強大的商業模式存在。

Niantic 的執行長曾經向《金融時報》表示，未來 Pokémon GO 將在商家的贊助地點置入廣告，依照來訪的人數收取廣告費用（Cost Per Visit），為這遊戲帶來另一項收入來源。

在討論 Pokémon GO 行銷之前，我們先來看看這款遊戲到底創造了哪些經濟價值。

 **1.7** Pokémon GO 經濟學

Pokémon GO 可以帶來這一股熱潮，除了上述結合擴增實境（AR）所帶來的全新商機之外，另一項是寶可夢主題所帶來的「角色經濟」商機。

👆 關於「角色經濟」的部分我們會在 Ch.6 討論。

在 Pokémon GO 之前也有一些結合地圖的擴增實境遊戲上市，但都無法形成如同 Pokémon GO 這樣的瘋狂熱潮。

寶可夢到處旅行抓寶的故事世界觀，正好適合運用擴增實境技術。原本就受歡迎的角色故事，被賦予了生命力，造就了這一款會名流千古的遊戲！

Pokémon GO 一上市就帶動了許多商機，各行各業都搶著和 Pokémon GO 結合，除此之外，只要跟 Pokémon GO 的產業鏈有關聯的企業全部受惠，日本媒體創造出「寶可夢經濟學」（Pokénomics）這個新詞彙來形容這股熱潮！

1.7.1 任天堂

遊戲發布後，任天堂的股票價格在一天內暴漲 9％，任天堂在東京交易所的股價，兩週內急漲 100％。

從 2016 年 7 月開始，任天堂 DS 版本的 Pokémon 遊戲銷量顯著上升。美國網站 the Verge 透露在 2014 年發行的 Pokémon GO 終極紅寶石和始源藍寶石的銷量上升了 80％，任天堂相信 Pokémon GO 熱潮會令不少人重返 Pokémon 遊戲行列。

1.7.2 麥當勞

日本麥當勞公司與 Pokémon GO 合作,把麥當勞門市設置成為補給站或道館,讓玩家可在麥當勞內獲得遊戲中的道具或是和其他玩家進行道館的攻防戰。

在麥當勞裡面不但有冷氣、有廁所,又可以充電,最重要的是肚子餓或口渴的時候,隨時有食物、飲料可以購買!

這個合作讓日本麥當勞七月份營收,比去年同期增長26.6%。如果連麥當勞都想和 Pokémon GO 合作,你更不能放過這個機會。

麥當勞是第一個和 Pokémon GO 做商業合作的企業,等贊助商廣告服務開放後,將會有更多企業加入 Pokémon GO 的行列。

1.7.3 寶可夢概念股

由於 Pokémon GO 的熱潮,許多周邊效益開始發酵。
這款遊戲的耗電量非常高,因此身為一個稱職的寶可夢訓練師身上一定要帶上幾個行動電源!

在遊戲上市之後行動電源的銷售量大增,不止是行動電源,電信業者、伺服器相關、手機商、藍芽配件等,只要是和遊戲沾上邊的業者都受益。隨著開放的國家愈來愈多,周邊效益也開始發酵,這股寶可夢風潮會繼續延燒,未來可創造的經濟價值非常可觀。

只要和 Pokémon GO 有關聯的企業或商家，都因為這款遊戲有機會創造全新的事業巔峰。

1.7.4 寶可夢真人版電影

隨著寶可夢風潮，許多和寶可夢授權合作的商機紛紛出爐。美國傳奇影業取得寶可夢公司的授權，即將開拍真人版電影《名偵探皮卡丘》。隨著電影的上市，相信又會帶來另外一波熱潮和周邊的延續。

在 Pokémon GO 上市之前只有麥當勞這種大企業才有機會和寶可夢合作，現在遊戲上市後就算你只是一家小店，也有機會搭上這股寶可夢潮流來帶動人潮！

1.8 Pokémon GO 的未來趨勢與商業模式

有人可能會認為 Pokémon GO 只是短暫的流行，不值得花時間去經營 Pokémon GO 相關的行銷活動。但在 1996 年最原始的寶可夢遊戲出來的時候，也有人說這可能只是短暫的流行，殊不知這一股熱潮就這樣延燒了將近 20 年。

Pokémon GO 是一款結合日常生活、生命週期長的遊戲，從遊戲設計就可以知道開發商的目的是想讓這款遊戲融入人們的生活中，變成一種新的生活型態。Pokémon GO 比

較接近以前大流行的電子雞寵物養成遊戲，不同之處在於現在玩家可以到實際地點抓各種不同的寵物，然後帶寵物去散步、培養寵物、和其他玩家的寵物戰鬥。

說穿了 Pokémon GO 就是一個休閒的社群遊戲，就像是把虛擬網路的臉書帶入真實生活中。這也是為何開發商會開放贊助商置入廣告的服務，把這款遊戲打造成社群網站之外的另外一種商業平台。

通常休閒遊戲的生命週期都很長，遊戲人數也非常龐大，而且年齡層也非常廣。之前在臉書流行的「開心農場」就是一種休閒遊戲，你不必投入很長的時間專注玩，而是利用像在餐廳門口排隊、在咖啡廳等人，或是坐公車這種生活中的「零碎時間」進行遊戲。

任天堂對於攜帶型遊戲機的理念一直是希望玩家能夠見面一起玩，藉由遊戲互相交流、增進感情、認識新朋友，而不是使用網路交流而不用見面。這是為何任天堂遊戲機對網路的支援一直落後 Sony 和微軟，早期也沒有興趣進入手機遊戲市場。現在藉由 AR 的技術，Pokémon GO 實現了任天堂的遊戲理念，藉由遊戲把人們連結起來！

我預估遊戲的熱潮會像股票一樣起起伏伏，剛上市的時候特別熱，接下來慢慢平穩，一旦有新的功能、新的寶可夢

加入以及新的周邊（例如：Pokémon GO 專用的手環）出現，熱度馬上又會飆升。

這對商家是非常有利的，代表這款遊戲可以玩很久。你知道在原作 700 多隻寶可夢中，Pokémon GO 只先開放 151 隻嗎？除此之外還有許多傳說中的寶可夢等著玩家捕捉。相信遊戲會一波一波的推出不同的功能與周邊，讓遊戲熱度延續下去。

沒有人可以說這一股風潮會流行多久，但是不能否認現在有一個龐大的商機，以及一個前所未見可以獲取新客戶的管道，並且不用花費太多金錢就可以跟新客戶建立關係。

遊戲才上市不久，還有許多功能尚未開放，根據官方的說法，未來會有交換寶可夢、個人對戰、增加更多寶可夢等項目更新，隨著遊戲功能再增加，玩家能做的事情也愈來愈多，行銷策略也會愈來愈豐富。

在這段期間，你只要能夠發布一個新鮮有趣的行銷手法，很容易就會被媒體報導或網友分享。只要認識你的人愈多，就算還沒有跟你消費，未來都很可能成為你的客戶。

以往一般商家根本沒有跟知名角色合作的機會，只有大企業才有財力跟寶可夢合作，現在你不用花太多費用就可以結合寶可夢來行銷，就算最差的狀況 Pokémon GO 真的只流行 1 ～ 2 年，在這期間你得到新的客戶，也讓很多人對你的商店或品牌留下印象，你又有什麼損失呢？

以現今社群平台如此發達的情形下，只要你規劃出有趣又好玩的行銷活動，肯定能讓客戶留下印象，在朋友圈分享自己的體驗，這些都是非常重要的口碑廣告。如果你認為 Pokémon GO 只是一時的流行而不去了解這個風潮，就會失去一個絕佳的宣傳時機。

行銷補給站

Pokémon GO 是現在 C/P 值最高的行銷輔助工具，但行銷會不會成功的關鍵是取決於你的商品和服務品質，沒有人會單純為了玩遊戲去一間評價不好的商家消費！

寶可夢行銷適合下面幾種狀況：

★ 讓既有的生意更好

這是個能再造巔峰的契機，不論你是實體或是非實體的商家，如果你已經有一個正在經營的生意，只要善用 Pokémon GO 行銷來增加人潮就有機會提升業績。

請記得，Pokémon GO 只是一個把人潮帶進來的敲門磚，進來的人會不會消費和你商店的品質與行銷活動有關，我在後續的章節會詳細解說行銷的方法。

★ 原本就想要創業，讓自己搭上寶可夢的風潮

如果你原本就要創業，當然可以在規劃事業時就先把 Pokémon GO 的行銷策略也納入你的創業計畫。舉例來說，如果你原本就要開一間咖啡店，或許可以在找地點的時候多一份考量，看看這個店面有沒有在補給站或道館旁邊，讓自己贏在起跑點！

★ 想趁著熱潮賺錢，不一定要長久經營

有些服務是完全針對這一款遊戲的，例如在美國有代替玩家走路孵蛋的服務，日本和台灣有行動充電站的服務。像這種完全針對遊戲而衍生出來的服務就很容易隨著遊戲的熱潮起起伏伏，比較難穩定長久經營。

☞ 隨著新功能開放，未來會有更多商業模式產生，對於可能開放的功能與行銷方式，會在 Ch.5「Pokémon GO 未來行銷趨勢」中討論。

 **1.9** 為何玩家會瘋狂？
你必須了解的玩家行為模式！

從行銷角度來剖析，可以體認到 Pokémon GO 的設計其實是一個全新的廣告管道；這是為什麼遊戲本身是免費的；也是為什麼遊戲會讓玩家走出戶外，去到各個不同的地點；更是為什麼補給站和道場是設置在許多商業場所而不是郊外；而這也解釋了為什麼商家可以購買誘餌裝置來吸引玩

家。這裡要強調的是，藉此商家完全可以控制需要人潮的時間點以及時間長短。

我在這裡列出幾項玩家的行為模式：

★為了捕捉寶可夢，玩家一定會前往有放置「誘餌裝置」的補給站（下櫻花雨的地點），等櫻花飄完之後就會前往其他灑花地點。

★玩家一定會聚集在道館附近進行戰鬥。

★為了孵蛋，玩家會步行或使用交通工具到處移動，前往的地點大多是補給站或道館。

★寶可夢們很喜歡在公園棲息，你看地圖會發現在大型的公園很可能會有好多個補給站，這樣的地點也會聚集非常多人。去大公園通常可以找到一群玩家。

想像一下，你不但可以從地圖上預估哪一些地點會有人潮，還可以使用道具移動人潮的位置，這是過去很難獲得的行銷資源！

既然有這麼方便有效的管道出現，錯失進場的時間點會非常可惜，相信未來遊戲還會增加其他的道具或服務，等到運用 Pokémon GO 行銷的市場飽和，到時需要花費的行銷成本就會提高。

就像部落格與臉書一開始出現的時候，只要內容不錯的文章或圖文就很容易被看

見，此時就是最好的進場時機。但現在已經是網路資訊爆炸的年代，就算你寫出品質再佳的文章也不見得會被發現。

有經營臉書粉絲團的人應該會發現，現在經營粉絲團比早期困難許多，若是沒有付費買廣告，只有少數的粉絲可以看到你的發文。很多平台的策略就是一開始免費讓你使用，等使用者夠多、黏著度夠的時候就會開始導入收費方式，所以愈到後面進場就愈沒有優勢。

現在你只要了解不同的 Pokémon GO 行銷策略，規劃適合你的行銷活動，然後結合社群網站做宣傳，就有機會搭上這股 Pokémon GO 的風潮，讓你的業績迅速成長！

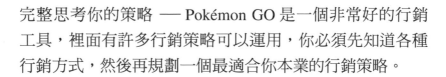

行銷補給站

不是只要使用「誘餌裝置」就會有人自動上門消費！

完整思考你的策略 —— Pokémon GO 是一個非常好的行銷工具，裡面有許多行銷策略可以運用，你必須先知道各種行銷方式，然後再規劃一個最適合你本業的行銷策略。

不要看到別人在做什麼就跟著一起做！有人在店裡面放置「誘餌裝置」會增加銷售量，有些商店放置「誘餌裝置」只是帶來人潮但並未轉換成消費，不同的行業需要不同的行銷策略。

必讀！學習寶可夢行銷之前必須了解的版權注意事項

精靈寶可夢是一個非常知名的 IP（智慧財產權），在世界各地都有代理商，也因為各國代理商的標準不相同，在設計任何行銷活動都要注意不要侵犯到版權或觸犯政府的法規，確保自己合法使用。

在開始進行 Pokémon GO 行銷之前，要先了解版權相關的注意事項才不會因為侵權引來不必要的麻煩。

★ 首先要注意，就是絕對不要使用官方的商標（Logo），不論是原始的 Pokémon 系列（神奇寶貝）或是現在的 Pokémon GO Logo 都不能使用。

你可以自己手寫或使用其他字體，但是不能夠使用官方的 Logo。因為真的很重要所以要說三次，絕對、絕對、絕對不要使用官方的 Logo。

★ 不要擅自使用寶可夢或寶貝球的圖案，只要使用官方的圖案都會有風險。

如果今天你只是要告知玩家在你店裡面可以抓到哪些寶可夢，你不必使用寶可夢的圖案，可以用文字描述或其他方式傳遞訊息。有些人會自己繪製寶可夢的圖案，雖然不是官方的圖，有些寶可夢的圖案是有被註冊商標，

尤其是皮卡丘實在太紅了，就算使用剪影都會有風險。寶貝球的圖案使用也有爭議性，形狀和造型盡量避免和寶貝球一樣。圖案的使用要尊重台灣代理商，其實經過媒體的報導後寶可夢已經非常紅，大部分的人都知道寶可夢和寶貝球，使用文字敘述也足夠吸引人，不一定要用官方的圖案來表現，這個部分千萬要注意。

如果你是大企業想舉辦大型的活動，在活動中確定會使用各種寶可夢的圖像以及相關的資源，或是有大規模的商業利益行為，比較安全的作法就是知會代理商，得到合法授權。

如果是政府機關或民間團體要使用在公益或非營利性質的場合，只要會用到官方的圖像，還是要取得代理商的同意才安全。例如：在這次的寶可夢風潮中，台北市政府和高雄市政府因為製作寶可夢地圖引發台灣代理商的反彈，有些爭議其實只要事先有尊重代理商是可以更圓滿解決的。

大家可以一起來創造共贏共享的商機，愈多商家和企業願意使用 Pokémon GO 來做行銷，商家和企業可以因此獲得業績和宣傳，玩家因此得到更好的服務與優惠，精靈寶可夢的 IP（智慧財產權）就會愈被喜愛也愈長久，代理商更有可能藉由代理寶可夢創造更多商機與經濟價值。

只要大家彼此尊重，這是一個可以成就多贏的經濟結構，如何讓自己的 IP 可以創造更多互惠互利的經濟體，這也是未來虛實整合時代來臨的時候，IP 創作者可以努力的目標。

你可以到經濟部智慧財產局的商標查詢網站來查詢已註冊商標，如果你在「圖樣中文」的地方輸入「皮卡丘」，然後按下「搜尋」按鈕，就會看見所有關於皮卡丘的商標資訊。在這裡你會發現皮卡丘的造型和圖案也已經註冊商標，所以使用皮卡丘的圖案侵權的風險非常高。你可以在這裡查詢商標相關資訊，確保自己的安全。

➥ 圖片來源：截圖自經濟部智慧財產局 http://tmsearch.tipo.gov.tw/TIPO_DR/BasicIPO.html

掃描即送超值贈品

Gotcha!

Ch2

實體商店的商機

如果你是實體店家，絕對不能錯過
Pokémon GO能夠為你帶來的商機，
在這一股熱潮中受惠最大的就是實體店家。
你可以知道玩家會在哪裡聚集，
並且可以運用遊戲中的道具來控制人潮的走向，
這是之前做任何行銷活動都無法想像的商機！

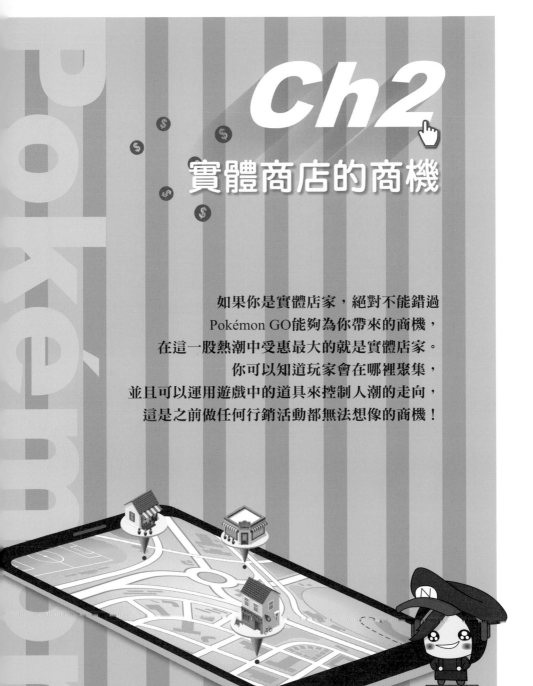

2.1　確認你的目標客群

2.1.1 人潮等於消費嗎？

Pokémon GO 能夠為你帶來人潮，首先你要確認吸引來的玩家也有機會消費你的產品，否則你只是很大方的提供玩家抓寶可夢的機會。

這款遊戲的年齡層非常廣泛，可以說是一款老少咸宜的遊戲，你可以想想看你販賣的商品和服務有沒有可能被這一群人消費？

舉例來說，咖啡廳、餐廳、飲料店、麵包店等商店可以提供咖啡、茶、點心、食物等大眾化的消費產品，吸引來的玩家是有可能消費的。

如果你經營的是一家手機維修店，你吸引來的客群並不會來到你的商店之後突然想修理手機。如果你沒有提供其他可以消費的產品或服務，玩家只會在你店門口抓寶。

換個想法，這一家手機維修店可以針對遊戲玩家提供額外的服務，例如快速充電服務、販賣行動電源，或是販賣寶可夢的手機相關商品，並且在門口就擺設明顯的告示，玩家就有可能進去消費。

由於利潤較高的本業並不容易讓玩家消費，這些附加的服務利潤較低，不一定可以像其他商店一樣為你帶來大量的業績，但換個角度想，一個「誘餌裝置」花費 30 元台幣可以持續 30 分鐘，就算沒有人進去消費，也可以當成是廣告費用來宣傳你的商店。

如果要做宣傳，就要讓玩家留下深刻的印象。你可以在店門口的海報或告示板上面寫上和 Pokémon GO 相關的廣告訊息，例如「親愛的寶可夢訓練師們，在你每天上山下海抓寶的戰鬥中，如果不小心弄壞了手機，遊戲玩家一律 85 折優惠！」

2.1.2 實體搭配社群網站，做虛實整合！

除了門口擺告示，也可以趁著寶可夢的搜尋熱度正高，在社群上發布你將會放置「誘餌裝置」的時間或發文展示你在店裡面抓到的寶可夢，讓消費者記得你。

在美國有些商家會禁止玩家在店裡面或店門口玩遊戲，如果玩家不跟你消費，而你也不想做宣傳，這麼多的人潮反而會阻擋出入口造成你生意上的阻擾。

所以在規劃行銷活動之前要先想清楚你的商品或服務適不適合這一群玩家消費。

☞ 規劃行銷活動的方法，參考 5.3「把行銷活動遊戲化 —— 設計吸引人的獎勵！」單元。

2.2 你的商店是不是位於道館或補給站？

想搭上 Pokémon GO 的風潮來做行銷活動，首先要確認商店的地點是不是在補給站或道館附近。

★ 如果你是補給站，您可以選擇用投資報酬率最高的「誘餌裝置」來吸引人潮，然後再進行適合補給站的行銷活動，吸引玩家進入你的商店消費。

★ 如果你是在道館，你不必投資購買「誘餌裝置」，人潮自然就會往道館移動，後面會介紹幾種適合位於道館的商店來進行的行銷策略。

★ 如果你的商店並不在補給站或道館也不用灰心，遊戲開發商 Niantic 曾經開放讓玩家申請成為補給站或道館，只是不保證一定會申請通過。申請開放與否請密切注意遊戲官網。

但就算不是補給站或道館，還是有其他適合的行銷方法可以使用，我們在後續將進行討論。

首先你要分辨自己的商店是屬於這三種類別的哪一種。

雖然有地圖軟體可以查詢地標，但是為了確保你的距離夠接近補給站，我建議你直接下載遊戲來確認。

👆 請到特別企劃 A.1「寶可夢分布圖」學習如何找寶可夢的地標。

👆 到序論「新手訓練」看分辨地標的方法。

 **2.3** 我的商店是補給站,接下來該做什麼?

2.3.1 什麼是寶可夢補給站(PokéStop)

寶可夢補給站(PokéStop)是在地圖上玩家可以補給道具,如寶貝球、藥水、樹莓和寶貝蛋的地方。玩家每次使用補給站會獲得 50 點經驗值的獎勵。

如果你的商店是補給站,或是非常接近補給站,對你來說最重要的就是要學習如何使用「誘餌裝置」以及針對玩家規劃行銷活動。一個「誘餌裝置」大約 30 元台幣,如果你一次購買大量的遊

➔圖片來源:截圖自遊戲畫面

戲幣換算起來還會更便宜。由於「誘餌裝置」只能在補給站使用,所以如果你的商店在補給站附近,那可是天上掉下來的好消息。尤其是那些連店名都被標示在補給站的商家更是幸運!

如果沒有「誘餌裝置」,寶可夢出現的機率比較低;反之,有被投擲「誘餌裝置」的補給站,寶可夢出現的機率就會提高很多。每個玩家都可以在地圖上看見附近哪一個補給站有被放置「誘餌裝置」,這是為何玩家都會前往有放置「誘餌裝置」的補給站的原因,而這也是商機的來源。玩家誘捕寶可夢,而商家也需要誘捕玩家!

Pokémon GO 在遊戲內可以購買各種道具，如果你的地點是補給站，一定要學會如何有效的使用「誘餌裝置（Lure Modules）」。

「誘餌裝置（Lure Modules）」會增加寶可夢在補給站周圍的出現率，放置一個「誘餌裝置」的有效時間為 30 分鐘。當你玩遊戲後會認知到寶可夢很難出現，「誘餌裝置」會非常吸引玩家。

➡ 圖片來源：截圖自遊戲畫面

在歐美有許多商家使用誘餌來吸引客戶，從披薩店到咖啡店，許多玩家除了聚集抓寶可夢之外，也會在店家消費。

要購買「誘餌裝置」，你需要先在遊戲裡面購買遊戲幣（PokéCoins）。考慮日後的使用量，一次大量購買遊戲幣能獲得比較大的折扣，可以提升你的投資報酬率，使購買「誘餌裝置」的成本大大降低。

2.3.2 購買遊戲幣和「誘餌裝置」

購買遊戲幣的步驟

① 首先按畫面底下的寶貝球進入選單畫面。

➡ 本頁圖片來源：截圖於 Pokémon GO 遊戲畫面

② 按「SHOP」進入商店。

③ 在畫面最上方你可以看見目前有多少遊戲幣。

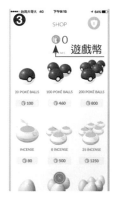

④ 首先你要買遊戲幣，滑到最下面就會看見金幣，選擇你要購買的數量。

⑤ 按進去後就會進入手機確認購買的畫面。

⑥ 購買完畢後回到商店畫面，按下誘餌裝置（一次購買 8 個比較便宜）。

⑦ 按下用 100 遊戲幣交換的按鈕即可購買。

➥ 本頁圖片來源：截圖於 Pokémon GO 遊戲畫面

Pokémon

使用誘餌裝置的方法

① 按入補給站，你會在補給站圓形照片的上方看見白色的橢圓形。

② 按下橢圓形按鈕就會出現安裝誘餌裝置的畫面。

③ 按下「誘餌裝置」就會出現確認使用畫面，按下「使用」（USE）就會開始撒櫻花！

④ 當你成功安裝「誘餌裝置」，補給站就會變成櫻花樹，開始飄下櫻花雨！

➡本頁圖片來源：截圖於 Pokémon GO 遊戲畫面

如果你的商店在補給站附近，這是你絕對要嘗試的行銷手法。開發商曾經允許玩家申請成為補給站，但是不保證一定通過。

2.3.3 補給站商家的有效行銷策略

「誘餌裝置」的使用策略

在使用「誘餌裝置」之前必須思考使用的時機和確認消費客群，並不是一味地吸引人潮就會對你的業績有幫助，這需要依照不同的商店屬性來做整體行銷規劃。

有些店家會無策略性地使用「誘餌裝置」，這樣有可能會吸引到完全不跟你消費的玩家，出現一堆玩家在你店門口附近抓寶卻沒有人跟你消費的情形，這樣的行銷方式是無效的。

如果你是百貨公司、超商、連鎖商店、金融集團等大企業，單純想要聚集人潮的話，就可以使用大量灑花的策略。

案例

中信灑花萬人抓寶
全台 10 大聯名百貨熱點，免費灑花讓你抓寶抓到滿！

→ 圖片來源：截圖自手機畫面

Pokémon

NiNi Gotcha!

對連鎖業者來說，只需一個廣告加上購買「誘餌裝置」就可以宣傳所有相關企業，是非常划算的行銷方法。單純灑櫻花只能帶動人潮，不代表會轉換成買氣，建議可以在灑花期間搭配其他的促銷方案來刺激消費，例如：「買 2000 送 200」、「購物滿 8000 抽獎贈送 Pokémon GO Plus 手環」。

案例

全家 FamilyMart 抓寶促銷方案

全家FamilyMart
昨天 19:08 ·

【週末全家抓寶趣】全家店鋪要灑花喔!!
"寶"力全開，本週末在指定時段及全家店鋪灑花喔~~~
灑花日期：8/13 、 8/14 連續兩天
灑花時段：15:00-15:30 、 20:00-20:30
各位玩家千萬不能錯過抓高CP值寶可夢機會!
灑花指定店鋪明細GO~https://goo.gl/sIMb1Q

【全家抓寶趣】：拍照上傳粉絲團享霜淇淋買一送一
活動流程貼心提醒
1-到全家店外抓寶
2-拍照截圖上傳至全家粉絲團
3-留言分享「@_____週末全家抓寶趣，我抓到_____(什稀有寶?)
拍照上傳粉絲團享霜淇淋買一送一喔!」
4.出示手機FB畫面供店舖人員確認後即可享「霜淇淋買1送1」優惠 (限35元品項)

活動注意事項：
※ 審核方式:抓寶照片需有全家店外相關品牌識別背景。
※ 霜淇淋限35元品項，商品口味依店舖供應為主。
※ 未販售霜淇淋店以冰美式(中杯以上)買一送一為主。
※ 每人每日限兌換一次，不可在不同店舖重複兌換。
※ 活動商品數量有限，售完為止。
歡迎大家揪麻吉好友一起來抓寶順便抓好康~~~
#全家 #抓寶 #霜淇淋 #灑花
http://giphy.com/gifs/3o6ZtbeADRfEwrYnm0

→圖片來源：截圖自全家 Facebook

引導大家上傳照片到粉絲團會讓整個粉絲團更熱鬧，
而且早期辦寶可夢的促銷活動很容易被媒體報導，對
於品牌的推廣是有幫助的。

但是中小型的商家需衡量自身可以負擔的行銷成本。
若是一堆人來到你的店裡面玩遊戲卻不消費，對你一
點幫助也沒有，本書會在後面討論各種刺激消費的方
法。

放置「誘餌裝置」的時間點

如果你的商店是玩家會消費的類型，誘餌裝置的放置次數
與業績是成正比的，你可以依照你的經營模式來決定使用
「誘餌裝置」的時間點。

如果你是像麥當勞這種整天都有客人，不管來客數量再多
都可以負荷的店家，或是一間沒有座位數量限制的飲料店
或外帶的商店，只要確保你的服務品質，就可以一直放置
誘餌來吸引人潮。當然，來抓寶可夢的人並不一定都會跟
你消費，但是在行銷策略的配合下，可以大大提升玩家消
費的機會，下一個單元會詳細說明。

如果你是有座位限制或是在巔峰時間根本就忙不過來的店
家就沒有需要不分時段一直放置誘餌，做生意的基本就是

要滿足消費者的需求，如果為了來客量卻影響到服務品質，反而會本末倒置。

行銷補給站

不要浪費「誘餌裝置」 —— 如果你的商店熱門時段根本無暇再接客人，就不要使用「誘餌裝置」。

多數的商店都有熱門時段與冷門時段，你可以挑選商店的冷門時段來使用「誘餌裝置」，如果你的生意好到已經忙不過來了，就沒有必要再吸引更多的人潮到店裡面。一次「誘餌裝置」的有效時間是 30 分鐘，你可以完全掌控需要人潮的時間，讓 Pokémon GO 成為你最佳的業務，在最需要的時間幫你帶進人潮。

這個策略主要是增加冷門時間的人潮，所以不應該在尖峰時段使用。

接下來我們來探討如何告知玩家你放置「誘餌裝置」的時間。

行銷補給站

在最需要的時間放置「誘餌裝置」 —— 在冷門時段或是辦活動的時候使用「誘餌裝置」，把「誘餌裝置」的功效發揮到最大。

讓玩家知道你放「誘餌裝置」的時間

你可以在店門口放置告示，以及在商店的 FB 粉絲團發布放置誘餌的時間，讓消費者可以隨時掌握時間。

那麼，要不要在固定的時間放誘餌呢？最主要看你有沒有頻繁的經營社群，有沒有希望粉絲們主動去粉絲團看最新動態。

如果你有在經營商店的粉絲團，或許不固定時間放誘餌比較有利，想知道今天放餌時間的人就會去粉絲團看最新消息，可以增加粉絲與你的互動。

不想每天發布社群的人可以在固定時間放誘餌，好處是消費者容易記得時間。

帶來人潮不代表他們都會跟你消費，接下來介紹幾種吸引玩家的行銷策略。

刺激消費的策略

首先你要明白，除了你之外，很多補給站都會有人放置誘餌，尤其在人口密集的市區更是櫻花滿天飛！消費者不會單純為了抓寶就千里迢迢跑到你的店裡，放誘餌只是基本要求，接下來就要看你如何捕獲客人了！

我們要先了解玩家的心態，當你到一個灑櫻花的補給站，並不是隨時都在抓寶，而是需要耐心等待寶可夢的出現。

如果能夠在一個可以坐著吹冷氣、隨時可以購買飲料或點心、有廁所、可以充電，然後一直都飄著櫻花的地點，玩家根本就不會想離開。如果還有漫畫、雜誌可以看，打發等寶可夢出現的時間就太完美了。

下面有幾種方式可以刺激消費：

★ 消費達到一定的條件就放誘餌

在美國舊金山有一家專門提供外帶的咖啡店推出活動：只要賣出 15 杯咖啡就會放置一個誘餌。

對玩家來說，如果一個地點的誘餌裝置失效了，就會想要換到其他的地點，每 30 分鐘就要到處移動也很麻煩，而且下一個有放誘餌的地方或許非常遠。如果有一個地方可以一直放誘餌，這對玩家來說是很有吸引力的事情。

你可以想像一下接下來發生的事情，玩家會揪朋友一起去咖啡店購買飲料，只要顧客買了飲料，咖啡店就會放置誘餌。這個方法不僅吸引更多玩家來到咖啡店，同時也提高了咖啡店的銷售量。

只要消費達到一定的條件就放「誘餌裝置」是一個非常可行的商業模式。

再來一杯...再來一杯!

舊金山這家咖啡店的作法很聰明，可以和顧客一起滿足彼此的需求。這樣的方式可以避免很多人聚集在你的商店，但是完全不消費的窘況。

你可以想想看在你的生意上有沒有什麼產品或服務是可以使用這個策略。以下只是一些範例，你必須先計算成本後再推出你的方案。（記得放置一次的費用是 30 元，有效期間 30 分鐘）

1. 餐廳可以推出「賣 10 盤義大利麵就放『誘餌裝置』」。

2. 網咖通常是按小時數和人頭計費，可以推出「每進來 5 個人就放『誘餌裝置』」，或是「在網咖消費多少杯飲料就放『誘餌裝置』」。推出個人對戰模式後，就可能會有一群人找網咖或咖啡店來對戰。

3. 零售的商家可以推出消費滿多少錢就放「誘餌裝置」的 活動。

4. 電影院可以推出：「每 10 個人買電影票就放『誘餌裝置』」。

相信你已經知道這個策略可以如何運用，接下來你可以用這個策略去規劃專屬的行銷方案！

★玩家放誘餌裝置就送贈品
除了店家自己放誘餌，你也可以邀請玩家放誘餌！

美國有一家咖啡店推出促銷活動，玩家只要放誘餌就贈送一杯咖啡。這樣造成的現象就是只要店面的誘餌失效了，就會有玩家繼續放誘餌，讓你只要花咖啡的成本錢就有人一直幫你吸引人潮！

不同於上一個策略是刺激消費，這個策略是用最低的成本來吸引人潮。

👆 在這個單元我們只討論用誘餌刺激消費的方法，其他的刺激消費方式請看 2.6「實體商店共同的行銷策略」單元。

👆 在 Ch.5 會討論如何設計行銷活動的方法，協助你企劃吸引人的行銷活動。

如何計算「誘餌裝置」的投資效益

假設你開始放誘餌裝置，那麼要如何得知你的客人是不是因為 Pokémon GO 來的呢？

你可以規劃一個專門送給寶可夢玩家的贈品，然後在社群宣傳，只要客人有消費，並且給你看 Pokémon GO 的遊戲畫面就送贈品。這麼一來你可以藉由贈品送出的數量來判斷多少人是因為 Pokémon GO 進來消費的，進而計算出使用誘餌所帶來的成效。

這個策略所需要的贈品不一定要跟寶可夢有關，當然能夠跟寶可夢有關會更好，而且成本要低廉。如果覺得送贈品很麻煩，也可以用打折的方式，只要能夠記錄來客數都可以。

可使用 Excel 表單記錄發贈品的次數，或是把贈品變成一個項目加入結帳系統中，這樣就可以用系統計算到底送出

多少贈品，也就知道有多少人是為了玩寶可夢來到店裡消費，計算投資報酬率。

☞ 這個單元主要解說和補給站相關的行銷策略，除此之外還有許多補給站商店可以運用的行銷方式，我們會在 2.6「實體商店的共同行銷策略」單元詳細解說。

行銷補給站

1. 一次進行一個策略 —— 每一個策略都需要知道投資報酬率，如果你有好幾個行銷活動同時進行，你會搞不清楚這些客人是哪一個活動吸引來的，日後很難分辨哪些活動有效、哪些活動無效。

2. 觀察與分析結果 —— 你必須知道每一個行銷活動帶來的結果以及所付出的成本，才能夠找出對你的商店最好的行銷方式，日後就可以針對有效的方式繼續加強。

2.4 我的商店是道館，接下來該做什麼？

2.4.1 什麼是寶可夢道館？

道館是寶可夢戰鬥的地點，道館由不同的陣營來控制，你可以從地圖上道館的顏色分辨目前是由哪一個陣營在控制道

館。當玩家到第 5 級的時候，可以選擇想加入的陣營，有藍軍急凍鳥、紅軍火焰鳥、黃軍閃電鳥三個陣營可以選擇。

無人占領的道館在地圖上呈現銀色，玩家可以派遣寶可夢鎮守。道館的聲望值愈高，就可以派遣愈多的寶可夢鎮守。

玩家可以在自己陣營的道館做訓練，增加道館的聲望值。想增加聲望值，玩家必須擊敗至少一隻正在鎮守的寶可夢。

➥ 本頁圖片來源：截圖於 Pokémon GO 遊戲畫面

把寶可夢放置在道館的玩家，每 21 個小時可以收到 10 個遊戲幣和 500 個星塵（寶可夢升級用的道具）。因為每一個玩家在一個道館只能放置一隻寶可夢，所以到不同的道館戰鬥，並且放置寶可夢對玩家非常重要！

你會發現，道館的設計就是要把一群玩家刻意的聚集在一起，所以是 Pokémon GO 遊戲中的重要地標。

為何道館會聚集一大群人？

1. 想要一個人占領道館需要有耐心和時間，如果對方陣營有好幾個人，想要靠自己攻下道館是很困難的，最好能夠有同陣營的夥伴一起作戰。

2. 當自己的陣營占領道館後，每個玩家只能在道館留下一隻寶可夢鎮守，只有一個人並無法保持占領狀態，同陣營的隊友必須相互合作，建立起最強大的寶可夢團隊。

3. 沒有什麼比競賽更容易把人聚集起來，這是為何寶可夢戰鬥會如此吸引人。占領道館就像是贏得比賽、獲得榮譽一樣令人振奮。

道館和補給站的行銷方式不同，你不能在道館放「誘餌裝置」，但是這完全並不重要，因為玩家們不論白天或夜晚都會聚集在「道館」與其他玩家對戰，看哪一個陣營能夠「控制」這個道館。

如果你想查看你的商店是不是在道館附近，你可以打開 Pokémon GO，在地圖上尋找有寶可夢站在屋頂的巨大建築物。也可以透過顏色知道目前是哪一個陣營在控制道館。只要充分利用附近的道館，就可以創造商機！

➜ 本頁圖片來源：截圖於 Pokémon GO 遊戲畫面

2.4.2 道館商家的有效行銷策略

不同於補給站的商家以誘餌裝置為主要策略，道館的商家要以道館戰鬥為主要的策略。

我們先分析打道館的玩家心態，玩家培養好自己的寶可夢之後就會來到道館戰鬥，如果走在路上看見道館被不同陣營的玩家占領，而且評估自己有可能勝利的話，通常就會為了自己的陣營開戰。占領道館，然後把道館變成自己陣營的顏色是非常有成就感的事情！

像我今天走出捷運站，看見道館被其他陣營占領，雖然我原本沒有計畫要打道館，也決定留在捷運站門口奮戰，後來成功打敗了當時的館主後開心的離開。莫名的榮譽感會驅動玩家想把其他陣營占領的道館攻占下來。

你可以把道館戰鬥想像成運動，團隊、榮譽感、贏得勝利是玩家追求的目標，你可以從這個角度切入來擬定行銷策略。

➡圖片來源：截圖於 Pokémon GO 遊戲畫面

NiNi Gotcha！

會占領道館大部分是中度到重度玩家，年齡層偏低，對遊戲的熱情和積極度遠遠超過只是以抓寶可夢為樂趣的休閒玩家，客群不同所以行銷策略也不一樣。

道館贏家陣營優惠

這是一個可以和客戶互動,並且增加來店數的好辦法。如果在你的商店附近有道館,你可以在店門口放個告示牌,上面標示目前哪一個陣營占領道館,同陣營的人就可以享受折扣優惠或送贈品!如果你想知道目前道館是屬於哪一個陣營,打開遊戲地圖就會看見附近道館的狀態。你也不一定要每次都確認,客戶會主動告訴你他是目前占領道館的陣營,在互動過程中可以增進與客戶之間的關係。

這個促銷活動的目的是讓打道館的玩家知道你這個地點,並且藉由獎勵勝利陣營的形式讓你更貼近玩家,也順帶提供玩家團隊榮譽感。除了在店門口,同時也要在社群發布你的促銷活動,讓大家知道你是一家很適合道館玩家來光顧的好商店。

依照玩家等級提供折扣和贈品

這個策略也可以在其他地點實行,但是在道館附近的商店來執行是最有效果的。一般去補給站的主要目的是抓寶可夢,而且會有很多只是出來走走順便抓寶、不一定會去打道館的休閒玩家,依照等級給折扣不一定這麼吸引人。

反觀會去打道館的玩家都是中度到重度玩家,不但對遊戲有熱情,也會為了抓更強大的寶可夢拼命升級,針對這些玩家提供等級相關的折扣或贈品才會有吸引力。

只要玩家秀出自己的狀態畫面,達到一定的等級就可以送贈品或折扣。

假設促銷活動是 25 級以上的玩家
消費就贈送一杯飲料,最好飲料上
有很明顯的標示,例如吸管上面有
一張寶貝球造型的貼紙,讓其他人
一眼就看出哪些人已經 25 級了。

你也可以設定當玩家收集到某一隻
稀有寶可夢,店員就會為你戴上小
智的帽子和外套幫你照相,尊稱你
為寶可夢大師!

除了等級和 CP 值之外,也可以用
遊戲中的成就來當作行銷活動依
據。

➔ 遊戲中有各種成就清單。
圖片來源:截圖於 Pokémon
GO 遊戲畫面

行銷補給站

獎勵傑出玩家 —— 如果你的商店很幸運在道館附
近,一定要想一個方式鼓勵打道館的玩家到商店
消費。

販賣或贈送陣營相關商品

道館附近商家最好的贈品就是三個陣營的徽章、寶貝球這
種和道館戰鬥有關聯的商品。

你可以購買現有的商品,遊戲開放不久,陣營相關商品並
沒有太多,之後就會有愈來愈多陣營相關的商品上市。

陣營優惠日

在門口和粉絲團公告今天哪一個陣營的玩家可以得到優惠，例如：今天是紅色火焰鳥日，紅色陣營的玩家打卡送紅茶。只要出示主角的狀態畫面就可以知道玩家是屬於哪一個陣營。

舉辦道館爭霸賽

如果店面就在道館旁邊，也就是坐在店裡面就可以打道館的話，你可以在店裡面舉辦道館爭霸賽！通常一個人很難持久占領道館，所以玩家很有可能會組隊參加比賽，你可以跟玩家們說明每一個參賽者最低的消費金額，進來看比賽的人也需要付低消。比賽時間到就派一個人主持比賽拉抬氣氛，最後看哪一個隊伍成功持續占領最久就是贏家，你可以給勝利的團隊獎品。

獎品要有吸引力，陣營徽章相關的商品非常合適，你可以上網搜尋適合的獎品。記得把比賽的結果公布在社群，若能直播實況，效果會更好！

邀請專業玩家到你的店裡面辦活動

等遊戲上市一段時間，專業玩家和一般玩家的等級就會拉開，以後還會像電競一樣有玩家組成專業團隊。尤其在個人對戰開放後將旋起一股對戰的風潮，你可以邀請專業玩家到店裡面舉辦講座或活動，吸引更多其他玩家過來交流最新的遊戲資訊。

除了辦講座之外，因為你的店面就在道館附近，也可以舉辦道館相關的活動。例如組隊一起去占領道館，成功占領的隊伍就送一份餐點或點心。

通常只占領道館並不困難，困難的是可以守護道館一段時間不被其他陣營攻占。在活動中除了占領道館之外也可以設定守護道館的時間長度，例如守護道館愈久的隊伍是贏家，或是至少守護道館超過 10 分鐘才具有得獎資格。

玩家排行榜

你可以在店裡面列出最強的寶可夢訓練師排行榜，記錄前十名等級最高的客人給予 VIP 待遇，也讓其他人知道在這個社區裡面，誰才是最厲害的玩家！

只要在店裡放一個告示牌或是黑板，玩家消費後出示自己的等級，等級夠高就幫玩家記錄在排行榜上面。開放對戰功能之後可以記錄戰鬥優勝排行榜，提供玩家戰鬥的場所。

如果你提供排行榜的服務，玩家可能就會來看自己的排名，確保沒有人打敗他。如果能把排行榜經營得好，就會變成玩家喜歡聚集的地點，自然就會吸引更多的玩家。

發布道館戰鬥消息到臉書

不同於補給站的商家發布在店裡面捕獲寶可夢的畫面，道館的商家可以在社群發布道館戰鬥的相關消息，以及道館目前狀態的截圖。

請到 2.6 實體商店共同的行銷策略「結合社群辦優惠活動」單元看更多經營社群的方法。

2.5 如果我的商店不是補給站或道館，接下來該做什麼？

你的商店並不是補給站或道館嗎？

開發商 Niantic 曾經允許玩家申請新的補給站或道館，但是不保證一定會通過，也沒有告訴你何時會完成。在 2016 年的 8 月中旬，開發商在網站上申明目前不接受玩家申請添加補給站與道館，不過基於開發商曾經開放過這個選項，最新消息可於官網查詢。如果官方再次允許玩家申請添加地標，我也會在我的網站發布最新消息或是加入我的 Line@ 群組會收到最新消息通知。

未來開發商 Niantic 會開放贊助商在地標置入廣告，目前還沒有說明詳細的規則，如果有機會成為贊助商，或許就能把你的商店設定成補給站或道館，值得持續關注。

現在還不是補給站和道館也先別著急，我曾經在北投溫泉區的小路，附近根本沒有補給站的地方發現過一群寶可夢聚集，郊區的寶可夢出現率也不輸給灑花的補給站，讓我非常驚喜！

這款遊戲很鼓勵玩家走向戶外與大自然，有可能在一些沒有補給站的地點會有寶可夢們聚集。如果你是在郊外的商家，可以先到附近捕捉寶可夢，或許會有意想不到的驚喜！

寶可夢喜歡居住在郊外，到了郊區就算沒有補給站也可能會出現！寶可夢會因為種類的不同，喜歡居住的區域也不同，鯉魚王和可達鴨就容易在有水的區域出現。

確定在商店附近可以抓到寶可夢之後，在社群告訴大家在你這邊可以抓到哪些寶可夢，如果經常出現熱門的寶可夢也會是很大的賣點！

👆 「熱門的寶可夢清單」請見特別企劃 A.3。

就算商店附近也捕捉不到熱門的寶可夢，還是可以搭上這個風潮！你一樣可以規劃和寶可夢相關的行銷活動來吸引玩家，只是吸引人潮的方式需要更多創意。

👆 未來將會開放的「交換寶可夢」、「玩家個人對戰」、「增加寶可夢」等功能就不限於在補給站和道館使用，你可以詳閱 Ch.5 Pokémon GO 未來行銷趨勢。

這邊僅提供熏香的使用方式，其他的行銷策略可看實體商店共用的策略。

➥ 圖片來源：截圖於 Pokémon GO 遊戲畫面

自己在店裡面抓寶 & 發布社群

在沒有補給站和道館的加持之下，社群網站是可以讓玩家認識你的最佳管道，你可以在社群發布在店裡面抓到的寶可夢種類，並且宣傳你的行銷活動。

在沒有「誘餌裝置」的狀況下，你可以使用熏香來吸引寶可夢，熏香也可以吸引寶可夢，但這個道具只對使用道具的人有效。

你可以請一名工作人員在店裡玩 Pokémon GO，然後把捕獲寶可夢的畫面截取下來發布在社群網站，告知玩家在你的商店捕獲到哪些寶可夢。記得請開啟 AR 相機的畫面，讓玩家除了看到寶可夢之外，也能看到店裡面裝潢與氛圍。

★ 來店裡抓寶可夢，截圖上傳社群就送熏香。

　　你可以告訴客人，只要在店裡面消費，把在店裡面抓到的寶可夢上傳到玩家的臉書，就會送他一個熏香或給折扣。一個熏香花費 80 遊戲幣，100 個遊戲幣價值 30 元，等於一個熏香不到 30 元台幣，你可以直接從消費金額中扣除 30 元回饋玩家。

　　除了熏香以外，其他道具也可以贈送，我們會在「實體商店共同策略」中探討。

去玩家會出現的地點主動出擊！

　　如果你的商店並不接近補給站或道館，你可以主動出擊來搭上寶可夢的風潮。

如果你是小吃店、麵包店或飲料店，可以使用餐車在地點附近販售食物以及飲料。

如果你是零售的店家，也許你可以在地點附近販售相關周邊商品。

重要！在賣產品之前要先確保可以合法販售，若被開罰單就得不償失了。

👆 請參考 3.1「到人潮聚集的地方推廣業務」單元。

行動、行動、行動！當你擬定好策略之後不要一直停留在腦袋，要趕快行動！當你往前進行一步，才會知道是否有哪些地方需要調整。Pokémon GO 的行銷費用並不高，你可以放膽去做！

2.6 實體商店共同的行銷策略

2.6.1 提供免費 WiFi 上網

玩寶可夢需要定位，有 WiFi 會比較準確，而且也不是每個人都有吃到飽的行動網路服務，所以免費 WiFi 對玩家很重要。

現在已經有許多商家會提供免費 WiFi 服務，如果你想要玩家在你店裡面消費、抓寶，WiFi 是最基本的需求。就算你原本就有提供免費 WiFi，可以用寶可夢的用語再宣傳，加深玩家的印象。

例如「歡迎寶可夢訓練師到店裡面使用免費 WiFi，本店曾經捕獲皮卡丘！」

如果你的店裡面還沒有提供免費 WiFi，可以到電信公司申請 WiFi 的服務。你必須鎖住店裡面的 WiFi，只提供密碼給你的客戶使用。

2.6.2 提供手機充電服務

Pokémon GO 是一個惡名昭彰的耗電遊戲，出外抓寶可夢免不了會遇到手機沒電的狀況，這個時候有一個充電站出現絕對是讓人感動的一件事。這個服務特別適合餐廳、咖啡廳或飲食店，因為充電也需要一段時間，玩家可以一邊充電一邊用餐。商家可以準備延長線提供玩家充電。

有些玩家可能沒有帶電源線，你可以提供電源線收費出租的服務，也可以免費提供電源線，記得要多準備幾條 iPhone 和 Android 手機的電源線。

並不是每一個商店都有足夠的插座提供給客人充電，另外一種方式就是租借充飽電的行動電源。

記得做這項服務一定要先收取押金，歸還電源線或行動電源的時候可以拿回押金，而且要把租借電源記錄在帳單或 POS 機裡面，方便記得哪些客人租借了行動電源或電源線。

只要多準備幾顆行動電源和手機電源線，你就可以多一項服務來做行銷活動：

★臉書按讚打卡或加入 Line@ 群組就免費租借電源。

如果要提供免費的服務，可以用服務交換取得客戶的名單，請他們加入 Line@ 群組和臉書粉絲團。

★收費租借。

會花錢租借的人相對少，可以用小時計費或統一價錢計費，提供給需要電源的人。

以消費者來說免費租借會比較吸引人，這項服務的成本並不高，建議可以用免費租借的方式換取客戶名單。請記得要收押金，避免不必要的爭議和損失。

在店門口要有清楚的標示讓消費者知道你有充電或租借行動電源的服務，就算不是 Pokémon GO 的玩家也可能會需要充電，有充電的服務可以吸引需要充電的玩家進來消費。有些人或許會想帶著電源離開，你也可以販售已經充飽電的行動電源給客人，方便他們帶走。

★連鎖商店的行動電源供應站。

如果你是百貨公司、超商、連鎖餐飲業或是連鎖企業，可以提供行動電源供應站的服務。顧客只要付押金就可

以拿到充飽電的行動電源，用完後可以到不同的連鎖店歸還。當行動電源沒電的時候，你可以選擇歸還或支付少許費用換取另外一顆充飽電的行動電源。行動電源在7 天之內一定要歸還，沒有歸還就沒收押金。

這項服務適合連鎖事業來進行，對企業的好處是顧客會經常來店換電源、租電源或歸還電源，增加來店率。而且連鎖企業一次大量購買行動電源可以節省成本，如果在這個時機點推出服務來搭寶可夢風潮，就會很有話題性！

2.6.3 結合社群辦優惠活動

在這裡只探討實體商家通用的社群經營方式，如果你是補給站或道館的商家，可以到補給站以及道館的單元閱讀專用的社群經營建議。

善用 Pokémon GO 經營社群的原則就是除了原本的 PO 文之外，多分享 Pokémon GO 的相關訊息，以下有幾個可以PO 文的題材提供參考。

自己在店裡抓寶可夢，然後上傳臉書分享遊戲畫面截圖

主要的目的是告訴大家在你的店裡可以抓到哪些寶可夢，最好也留下一句感想，可以跟粉絲們互動。例如「耶！剛剛又抓到一隻鯉魚王！但是，到底還要幾隻才能夠進化啊？！」

➡ 圖片來源：截圖於
Pokémon GO 遊戲畫面

（鯉魚王是一隻躺在地上垂死掙扎的鯉魚，出現率不高也很難進化。但是進化後會成為超強的暴鯉龍，所以很多玩家會特地收集鯉魚王。）

只要抓寶截圖，寫一句話就能 PO 文非常輕鬆，建議可以經常 PO 文，最少一天一則。不過同樣的寶可夢也不要重複 PO，如果你都放一些老鼠、小毛蟲等到處都有的平凡寶可夢也沒有吸引力，試著抓一些不同的寶可夢，只要抓到不同的寶可夢就先截圖，之後可以慢慢發布。

祕訣是你自己或店裡面負責抓寶的人也要提升等級，等級愈高，可以抓到的寶可夢就愈強，種類也會變多。

行銷補給站

現在做行銷很難避免網路行銷，尤其是社群的經營。經營社群的訣竅，就是寧願內容少一點，但是 PO 文的頻率高一點，好過你在一天 PO 大量的文章。網路時代資訊量很大，也不是每個人隨時都會看到你的訊息，少量多餐絕對是最好的策略！

來店抓寶可夢，截圖上傳臉書送贈品！

鼓勵玩家在店裡抓寶，然後分享遊戲截圖到他們自己的臉書。你可以要求玩家在 PO 文的同時也標籤（tag）關鍵字「#寶可夢go」「#寶可夢」「#Pokémon GO」「#Pokémon」。

這是台灣百貨公司推出的活動文案：

★ 新光三越全台各店臉書粉絲團推出上傳店內抓寶截圖抽獎活動。

★ 微風信義憑館內抓寶截圖，30 隻送會員點數 500 點、50 隻送 1000 點。

★ SOGO 台北店 3 館舉辦抓寶截圖並留下指定留言，上傳活動貼文到官方臉書即可抽獎。

案例

義美食品

台灣的義美食品在 2016 年 8 月 10 日下午 7 點發出一則臉書訊息：

敬告所有 Pokémon 追蹤者：

自即日（8 月 10 日下午七點）起，至本月 21 日（星期日）晚間 9 點止，凡在營業時間內，於「義美門市部騎樓」、或「南崁觀光工廠廠區內」，抓到 Pokémon 者，憑 Pokémon 示意圖，即可至該義美門市免費享用「茶葉蛋」一個，如遇「茶葉蛋」售罄，則可選購「義美錫蘭紅茶一罐」或「義美冰棒一支」，可折價新台幣 10 元。

敬祝大家抓寶愉快！

＊每人每日限兌換一次；不可在不同門市重複兌換！

＊其他若有落於未開放之區域的補給站，請消費者不要擅闖哦！

＃義美門市　＃Pokémon　＃寶可夢　＃卡比獸

從貼文底下的留言可以看到粉絲們非常熱情的討論抓寶的話題，光是在 8 月 11 日的凌晨，大約 11 個小時就已經有將近 300 則留言、1.2 萬個讚以及 1925 個分享！

NiNi Gotcha！

Pokémon GO 在 8 月 6 日登陸台灣，義美食品 8 月 10 日就在粉絲團發活動，算是很早就開始做寶可夢行銷的商家。這個活動不要求玩家發布社群，只要抓寶就送茶葉蛋，比較像是回饋顧客的活動，有助於吸引更多人前往義美門市和觀光工廠。

如果這個活動和寶可夢無關，只是單純送茶葉蛋就不會這麼吸引人，而且絕對不會在社群引發討論。一樣的促銷活動帶上寶可夢和抓寶就變得很好玩，也有很多新聞媒體報導這一則活動，成功引發話題。

案 例

美國電影院吸引人潮做電影宣傳

冒險電影《玩命直播》（Nerve）是一個以網路直播為主題的電影，劇情描述玩家為了搶錢、搶人氣，使用網路直播完成一關又一關大膽且危險的任務。

電影《玩命直播》正好是以年輕人沉迷網路和虛擬世界而影響現實生活為題材，完全符合 Pokémon GO 遊戲的話題，因此美國片商和購票系統 APP 合作，在電影上映當天的下午 4 點到晚上 7 點之間，於 11 間戲院放置「誘餌裝置」吸引大量玩家前往。

當玩家抵達現場就有機會拿到《玩命直播》的贈品，以及買二送一的電影優惠。這樣的促銷活動不但有話題性，也讓電影院聚集更多的人潮，還可以直接吸引電影的目標客群，相信對《玩命直播》的宣傳有很大的幫助。

NiNi Gotcha！

《玩命直播》的行銷活動除了用「誘餌裝置」吸引人潮之外，最有魅力的地方是贈送買二送一的電影優惠券，提高顧客的消費頻率。這個活動主要的目的是吸引符合電影目標客群來觀看首映，希望這群客人看完電影後回去跟親朋好友分享，所以會採取買二送一的行銷策略來促進消費。

對電影院來說，不論來的人有沒有看《玩命直播》都沒關係，因為這些人很可能選擇看不同的電影，所以說電影院很適合經常放誘餌吸引人潮。

如果你有新產品或服務需要做口碑，用「誘餌裝置」＋贈品＋優惠的行銷方案來吸引人潮是一個不錯的方法，記得在贈送優惠之前先邀請客人打卡分享，增強口碑行銷的效果。

Pokémon

案例

六福村遊樂區

○ 最新消息 News

精靈寶可夢 等級5以上玩家入園499

精靈寶可夢Level 5以上玩家入園享六福村戰鬥價$499(原價$999)&抓怪抽獎活動

風靡全球的精靈寶可夢，六福村就有40多個補充站、3個道場，想成為寶可夢大師嗎? 期間限定，具資格等級5以上的玩家們，入園戰鬥價499(原價999)

注意!! 活動再加碼，在活動期間內抓Pokemon Go稀有精靈，打卡上傳並標注，水陸雙樂園季票週週抽!

活動時間：2016/8/10~8/31
活動內容：
1.活動期間內，凡為精靈寶可夢等級5以上玩家，即享有六福村主題遊樂園區入園戰鬥優惠價$499(原價$999)
2.活動加碼! 凡擷取於六福村、六福水樂園園區內之Pokemon Go怪怪畫面，並於個人Facebook打卡上傳(需設定公開)＋Hashtag「#寶可夢稀有精靈在六福村」及「#PokemonGo」，即可參加六福水陸雙樂園季票週週抽活動
3.每週日2016/8/14.21.28 將抽出各3名幸運得主
注意事項：
1.優惠方案不適用中型巴士以上團體，亦不得與其他優惠方案合併使用。

➡ 圖片來源：截圖自六福村網站

位於新竹的「六福村主題遊樂園」園區擁有 41 個補給站以及 3 個道館，非常適合寶可夢玩家前往抓寶，於是官方推出了寶可夢的促銷活動如下：

只要寶可夢玩家等級達 Level 5 以上，憑玩家手機畫面即可享「499 元暢遊優惠」（原價 999 元）。

同時，玩家於六福村園區打卡上傳所截取抓怪畫面，並 Hashtag# 寶可夢稀有精靈在六福村以及 #Pokémon，還可參加「週週抽六福村季票」活動，趕快揪同好們一起入園成為最會玩的精靈寶貝訓練師！

六福村除了「打卡抓寶發布社群」的基本行銷方法之外，多加入「粉絲團抽獎」以及玩家到達 Level 5 以上就有特殊優惠的促銷活動，行銷活動本身的規劃完整。可惜的是六福村並沒有特別宣傳會出現的熱門寶可夢，我在新聞稿上面看見的是「鬼斯」、「大食花」、「小拉達」等玩家容易捕捉的寶可夢，要吸引玩家特地去抓寶稍顯不足，玩家的心態比較會是「原本就考慮要出遊，六福村有優惠又可以順便抓寶是個不錯的選擇」。

今天如果宣傳的寶可夢是「伊布」、「卡比獸」、「風速狗」、「快龍」等熱門寶可夢，玩家的心態就會變成「為了捕捉『快龍』，週末規劃一趟行程去六福村！」對於玩家的驅動力完全不一樣。

因為區域不同，「快龍」、「卡比獸」這種稀有寶可夢不一定能夠經常出現，這個時候可以用「伊布」、「鯉魚王」等比較常出現的熱門寶可夢來做宣傳，效果會比平常就抓得到的一般寶可夢來得有效果。

特別企劃有「熱門寶可夢清單」可以作為挑選宣傳用寶可夢的參考。

案例

聯邦銀行

→ 圖片來源：截圖自聯邦銀行網站：https://card.ubot.com.tw/
ECARD/ACTIVITY/2016pokemongo/index.htm）

聯邦銀行推出「抓怪不夠力・聯邦最給利」活動，玩家
只要捕捉寶可夢拍照上傳聯邦粉絲團，活動期間刷聯
邦卡不限金額之一般新增消費或自動加值（排除 itunes
或 google play 交易），完成登入享 itunes 或 google play
消費 10％回饋，每戶最高回饋 88 元刷卡金（限量 888
名）。

除此之外，在活動期間捕捉聯邦信用卡「指定」的寶可
夢拍照上傳至聯邦粉絲團，就有機會抽中「紅色超跑行
動電源」一台，共計抽出 50 名。

聯邦銀行「指定」寶可夢這件事情非常好，讓消費者感覺是去做特定的任務，而不是一個隨便抓就可以拿到的優惠。因為需要到粉絲團才能看見指定的寶可夢，也會促進粉絲團的人氣和交流。如果能夠把寶可夢的故事融入活動中會更好。

例如：聯邦銀行被強大的噴火龍占領，需要玩家的協助一起來支援戰鬥！邀請玩家抓水屬性的寶可夢（也可以直接指定寶可夢的名稱），上傳到粉絲團，只要有 2000 個水屬性的寶可夢就可以打敗噴火龍，我們會從眾多訓練師中抽出 50 名贈送「紅色超跑行動電源」一台做為感謝，請大家趕快來解救聯邦銀行！

也可以更改規則變成，上傳寶可夢 CP 值最高的前 50 名（不重複得獎人選）就會得到「紅色超跑行動電源」。隨機抽獎感覺不一定會得到獎品，但是抓到 CP 值高的寶可夢就能夠確實得到獎品，吸引力和上傳率會提升。玩家如果又抓到更高 CP 值的寶可夢就有可能重複上傳。當然為了活動的公平性，需要有人去統計 50 個 CP 值排行榜，會比隨機抽獎需要花費時間，在整個活動的參與度和人力資源上面需要做選擇。

行銷補給站

要善用寶可夢的故事與世界觀幫玩家企劃好玩的任務，增加行銷活動的趣味性。

分享 Pokémon GO 相關的訊息

鑑於 Pokémon GO 的搜尋量和話題性十足，你可以在商店的粉絲團分享 Pokémon GO 的新聞以及有趣的圖文或影片，在文章後面加上和 Pokémon GO 相關的標籤（tag），例如：「#PokémonGO」、「#Pokémon」、「# 寶可夢」、「# 寶可夢 GO」。

你不但可以提供訊息給粉絲，有趣的貼文也容易被轉分享，有機會提升粉絲團的曝光率。

行銷補給站

1. 普及性 —— 確保你在很多個社群網站都有發布消息，現在有方便的軟體可以讓你在一個地方發布貼文之後，系統自動幫你發布到其他社群。

2. 回應你的粉絲 —— 經營社群的目的就是要和粉絲互動，如果你是一個正在經營社群的商家，完全不回應會讓人感覺你並沒有在營業。如果有粉絲詢問店裡幾點會放置「誘餌裝置」，你必須儘快回應他們。

 在 Ch.5 我們會討論設計行銷活動的方法，協助商家企劃吸引人的行銷活動。

2.6.4 提供以寶可夢為主題的商品或服務

如果你原本的生意是可以為客戶量身打造,現在是提供寶可夢主題的好時機。因為各國代理商處理的方式不同,在這邊會提供一些以寶可夢做為主題來發揮的案例,但是不代表在任何國家都可以進行。

如果你是連鎖企業或大企業,最好先詢問寶可夢當地代理商以免帶來不必要的麻煩。

寶可夢造型美甲

幫客人繪製寶可夢主題的指甲造型,例如皮卡丘的臉、寶貝球,得到客人許可後上傳到社群分享。

寶可夢臉部繪圖

如果你會臉部繪圖,可以到道館或是人潮眾多的地方,甚至於觀光景點幫遊客畫圖。你可以在廣告看板上強調寶可夢的臉部繪圖,可以想像有很多孩子會想把皮卡丘畫在自己的臉上!

卡通自畫像

當你在幫玩家繪製卡通自畫像的時候,可以詢問要不要加價多畫一隻寶可夢。

寶可夢主題的食物

皮卡丘咖哩飯,小火龍超辣拉麵……食物可以做的變化很多,上網就可以搜尋各式各樣有趣的寶可夢料理。

澳洲的連鎖漢堡店 Down N Out 推出限定版寶可夢漢堡，有皮卡丘、小火龍、妙蛙種子三種口味，消費者不能挑選造型只能隨機購買。皮卡丘的耳朵是由多力多滋（墨西哥玉米片）做成，妙蛙種子頭上的草則是用花椰菜做成，超級可愛又有創意！

➡ 截圖自 Down N Out 粉絲團：https://www.facebook.com/downnoutofficial/

這家漢堡連鎖店因為販賣寶可夢漢堡而被國際媒體報導，現在很多人都知道澳洲有一家 Down N Out 漢堡連鎖店，就算以後不再提供寶可夢漢堡也會有更多客人慕名而來！這是使用寶可夢行銷的最大優勢——創造話題！

烘焙寶可夢造型的餅乾或點心

如果你的商店本身就是餐廳或麵包店，可以烘焙可愛的寶可夢造型或寶貝球造型甜點，記得在門口特別標示你有販售寶可夢造型點心來吸引玩家。甚至在冷門時間可以派店員到附近的道館販賣點心，順便發送商店的 DM。

寶可夢造型的拉花

可愛的拉花絕對吸引玩家分享，如果你的拉花技術不好，

拉不出皮卡丘或任何寶可夢的造型，至少拉出寶貝球的造型吧！如果你會 3D 立體拉花就更厲害，可以換不同的寶可夢造型捕獲玩家的心。

總之寶可夢的主題可以運用在很多領域，看你的主業本身有沒有辦法和寶可夢做結合，如果真的不行也不用勉強，應該沒有人希望髮型設計師把他的髮型剪成皮卡丘造型⋯⋯。

2.6.5 送 Pokémon GO 相關贈品

寶可夢相關贈品

送吸引人的贈品一直以來都是很好的行銷方式，趁著這股寶可夢風潮，如果可以在店裡面贈送寶可夢相關贈品，特別容易被拍照在社群分享。你可以購買市面上既有的寶可夢商品來當贈品，也可以把自己的商品加上寶可夢主題。例如麵包店提供寶貝球造型麵包。

贈送遊戲道具

遊戲中除了有「誘餌裝置」，還有熏香、幸運蛋、孵蛋器等不同的道具，你可以舉辦消費滿多少錢就贈送遊戲道具的促銷活動。你可以到遊戲的商店看到所有的道具和價錢，就知道每一個道具的成本。

➡圖片來源：截圖自遊戲畫面

你不用真的幫玩家買道具，可以用折抵道具的價錢作為回饋，讓玩家自己去買道具。就算玩家沒有真的購買也不要緊，這個策略的好處是你完全不用自己準備贈品，對玩家來說也很有吸引力。

舉例來說，幸運蛋是可以讓玩家經驗值翻倍的道具，你可以使用幸運蛋為獎品來設計促銷活動。例如：「經驗值翻倍樂翻天，活動期間只要消費滿 450 元，就送幸運蛋一顆，如果抓寶上傳臉書再加送一顆！」

一顆幸運蛋花費 24 元，以上面這個促銷活動來說你會花費 48 元，你就可以計算用 48 元換取 450 元的消費＋臉書 PO 文宣傳划不划算。

2.6.6 挑戰最高 CP 值，獲勝就打折／送贈品

在店門口放告示牌，例如「寶可夢大 PK ！誰是最強的寶可夢大師？挑戰最高 CP 值，贏過老闆的人打卡享 7 折優惠」，讓玩家出示遊戲中最強的寶可夢，和你最強的寶可夢比較 CP 值，CP 值比較高的人獲勝。戰後邀請挑戰勝利的玩家截圖打卡，然後給予玩家優惠折扣。

除了讓玩家找你挑戰，你也可以讓玩家互相挑戰，在個人對戰功能還沒開放之前可以先用這個方式辦活動。記得你的活動都要跟店裡面的消費有連結，才不會造成很多人來找你挑戰但是都不消費的情況。

遠傳電信

遠傳電信在 8/13 ～ 8/21 周末期間，寶可夢玩家們憑最高
戰鬥 CP 值的寶可夢到遠傳直營門市挑戰，只要玩家的最
高 CP 值寶可夢高於門市人員的寶可夢並將戰勝截圖打卡
上傳門市的臉書，就可兌換「愛喜嗲鹿」指環手機座。

 NiNi Gotcha！

在個人對戰模式出來之前可以用比較 CP 值的方式吸引
玩家來對戰，玩家捕獲寶可夢之後當然會想要有舞台
讓自己的寶可夢出場，遠傳電信用這個行銷方式不但
可以吸引玩家上門對戰打卡，也可以同時宣傳自家的
吉祥物「愛喜嗲鹿」，是非常聰明的行銷策略。

2.6.7 獎勵在你店裡捕獲熱門和稀有寶可夢的玩家

捕獲稀有寶可夢的吸引力絕對不會輸給補給站和道館，如
果有玩家在你的店裡抓到一隻稀有寶可夢，那絕對會吸引
一大群人來抓寶。所以你要鼓勵玩家在你的店裡面捕捉寶
可夢。

捕獲稀有寶可夢的機率很低，真的需要看運氣，所以你不用
擔心會有很多人捕獲來索取獎勵。捕獲稀有寶可夢就像是中
樂透一樣的難得，而且只要捕獲過一次就會有強大的吸客效

Pokémon

果，這個時候千萬不能小氣。建議你提供非常優渥的獎勵，例如免費餐券、500 元購物券，或是任何高價值的獎勵。

如果真的抓到稀有寶可夢，可以像彩券行一樣在店門口告示，「本店今天開出快龍！」昭告天下。

案例

北投公園

台灣北投公園成為抓寶聖地，稀有的寶可夢出現率高，經常聚集一大群玩家在這邊等著抓寶。先前發生玩家瘋狂追逐「快龍」的事件，一大群玩家聽說有「快龍」出現後集體奔跑追龍！有網友拍下當時的畫面，在現實生活中很難得看到這種群眾追逐的場面，任何寶可夢看到一群人朝自己衝過來都會被嚇跑吧！除了曾經有「快龍」出現之外，也出現過「卡比獸」，看得我自己都心癢癢想去捕捉！

在北投公園抓寶的好處包括可以經常抓到「鯉魚王」；「鯉魚王」是一隻倒在地上掙扎的魚，看起來非常弱，但是只要收集滿 400 顆糖果（100 隻）就可以進化成為戰鬥力超強的「暴鯉龍」。也因為「鯉魚王」比較常出現，玩家能夠進化成「暴鯉龍」的機會比抓到稀有寶可夢的機會大，所以「鯉魚王」是非常熱門的寶可夢之一。

千萬不要忽略熱門寶可夢對玩家的魅力，哪一天如果出現超稀有的寶可夢「超夢」，消息一出絕對是人山人海，到處都是玩家！

「熱門寶可夢清單」請看特別企劃 A.3。

2.6.8 提供協助玩家孵蛋的裝置

在遊戲中一定要玩家實際移動才能夠孵蛋,但是很多玩家為了懶在家裡也能夠輕鬆孵蛋,所以紛紛開發出可以自動孵蛋的裝置,也有網友實驗千奇百怪的自動孵蛋方法。

現在的自動孵蛋裝置都是由玩家自行嘗試,未來如果有適合放置在店面,甚至於桌上型的孵蛋機被開發出來的話,一定要放幾台在店裡面提供孵蛋服務。

例如:買飲料送孵蛋 30 分鐘,或是用餐滿 200 元附贈孵蛋 1 小時。

想像一下如果你是玩家,身上有好多顆沒孵化的蛋,有些蛋還可能會孵出稀有的寶可夢,你會不會想要搜尋有配備孵蛋器的商店呢?你可以用時間計費出租孵蛋機,還可以辦活動提供免費孵蛋作為贈品。玩家一定要在你的店裡等蛋孵化,所以也就有可能在店裡面消費。

提供免費孵蛋作為贈品還可以促進客戶進來店裡消費,是一個很有效的促銷活動!

➡ 放在孵蛋器裡正在孵化的寶貝蛋。圖片來源:截圖自遊戲畫面

想想看,如果來到一家店可以有免費 WiFi 上網、冷氣、洗手間、充電、又可以孵蛋,如果正好又位於補給站附近可以抓寶可夢,那簡直就是玩家的天堂啊!

如果你有辦法利用現有的設備,在孵蛋機還沒有被研發出來之前搶得先機在店裡面提供孵蛋服務的話,絕對成為話題!

☞ 如果對研發孵蛋機有興趣,請到 4.1「產品/ APP 開發者的商機」單元看更多介紹。

2.6.9 商店內抓寶直播

現在非常流行直播,很多人會到直播平台看別人正在做什麼。你可以進行抓寶的實況轉播或直播現場活動,讓你的商店獲得更大的曝光。

如果店裡的店員有空檔,就讓他們開直播,除了可以在店裡直播抓寶給大家看,也可以分享商店的 Pokémon GO 優惠活動、帶網友到店裡面參觀、或是介紹店裡面的招牌產品。

☞ 經營直播頻道請看 3.5「直播頻道介紹」單元。

2.6.10 購買臉書廣告做宣傳

如果你的社群粉絲人數不足,或是你想要吸引大量的人潮,可以考慮在臉書上面打廣告,宣傳你提供給寶可夢玩家的專屬優惠,或是告知玩家在你的商店裡面可以捕獲哪些熱門寶可夢。

在臉書發布廣告可以設定地點,你只要選擇有可能到你店裡消費的區域做廣告即可。鎖定地區發布廣告的優勢,就是你只需要支付有可能造訪你商店的客群做廣告,提高投資報酬率。

N

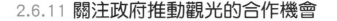

2.6.11 關注政府推動觀光的合作機會

政府為了推動地方觀光會推出不同的輔導專案，相信政府機關也會關注 Pokémon GO 這種結合擴增實境（AR）所產生的觀光商機。這是推動商圈經濟發展的好工具，因此可以關注你所在地方政府的相關資訊。

案例

新北市政府
新北市政府經濟發展局與商家合作推出行銷活動，協助商家搭上 Pokémon GO 的熱潮推動地方觀光。
以下截錄部分內容，來源為新北市政府經濟發展局：

2016 年 8 月 9 日發布的新北市市政新聞
根據經發局工業發展科的探訪，新北市眾多觀光工廠被設為遊戲的「補給站」，像是三峽的茶山房肥皂文化體驗館、台灣農林大寮茶文館等。土城的大黑松小倆口牛軋糖博物館、林口的光淙金工藝術館等，則被設為玩家彼此較勁的「道館」，吸引眾多遊客前往練功升等級。另外像手信坊、大黑松小倆口牛軋糖博物館、許新旺陶瓷紀念博物館、吳福洋襪子故事館等，現也推出館內抓寶可夢打卡上傳 FB 可抵消費的優惠活動。
「Pokémon GO」遊戲結合擴增實境（AR）的風潮，顯示出「網實結合」是當今網路應用的趨勢，而 AR 技術的應用市場絕不僅止於手機遊戲，也可應用在生活所需。未來，經發局會持續協助軟體與新創業者發展，以創造更多商機。

2.6.12 和專業寶可夢玩家合作

許多酒吧和俱樂部都喜歡把自己與運動團隊結合在一起，讓一樣喜歡運動的客戶變成自己的死忠粉絲，增加客戶的忠誠度與回顧率。

相同的手法可以運用在 Pokémon GO ！試著想像一下，如果你的商店與當地最強的寶可夢隊伍合作，就可以宣傳你的商店為 Pokémon GO 訓練師的聚集地，吸引許多專業玩家到你的店裡面消費。你可以提供玩家優惠或是免費提供玩家交流、討論的場地，但是要請他們在你的店裡面分享遊戲攻略或是解說升級、抓寶祕技，讓更多玩家聚集到你這個地點。

你也可以請專業玩家提供教學的服務，舉辦新手入門的講座，甚至帶學員去補給站和道館實際操作。學員們繳交的學費可以由店家和教學者共享。

有興趣的商家可以到 4.6「職業遊戲玩家的商機」單元做深入的了解。

Ch3

非實體商店 – 周邊的盈利商機

實體商家在這一股寶可夢風潮中受惠最多，但是這一股潮流也衍生出各式各樣不同的需求。就算你沒有實體商店，只要和寶可夢沾上邊也可以搭上寶可夢的風潮來推廣你的生意。在這個章節我們會討論非實體商家的商機！

 **3.1** 到人潮聚集的地方推廣業務

有 Pokémon GO 的好處就是，你知道哪裡會有人流。

如果你是實體商店，你會多一個地點做宣傳。

如果你不是實體商店，你知道去哪裡找到玩家 。

首先規劃好你的寶可夢行銷活動，製作宣傳文宣，然後到聚眾力較強的補給站或道館來宣傳這個優惠活動。以往做行銷只能使用社群和網路，現在你可以預測哪些地點會聚集玩家。不但如此，你還知道這些玩家的需求，因此可以針對玩家需求來規劃行銷活動！

這邊有幾個可以判斷會不會有人潮聚集的小訣竅：

★ 你可以看哪些地點聚集三個以上的補給站，像大城市的公園就經常會有三個以上的補給站聚集在一起，而當那些補給站同時都下起櫻花雨的時候，絕對會有大批人潮聚集。

★ 如果道館或補給站是在住宅區裡面，建議就不用過去了，因為很多玩家會待在家裡面玩遊戲，根本不出門，所以你沒什麼機會接觸到玩家。你可以去商業區或是公園、動物園等戶外場所，比較有可能會遇到大量的遊戲玩家。

★ 網路上有各縣市的抓寶景點清單，這些景點肯定有人潮！

到玩家出沒的地點做宣傳 ——Pokémon GO 的優點，就是可以讓你知道玩家會出沒的地點。你可以派員工去補給站或道館宣傳你的商店，最好是先設計好針對玩家的活動或優惠，然後再去玩家出沒的地點宣傳。

3.1.1 移動式攤販

當 Pokémon GO 開始流行，國外有許多移動式攤販出沒。本書的主要目的是為大家介紹各式各樣活用 Pokémon GO 的行銷方法，移動攤販適用於國外，但是礙於國情與法律不同，請注意不要做違法的生意避免被開罰單。

我們可以先學習別人的作法，再活用在自己的生意上。

移動式的攤販有幾項好處：

★ 可以直接到補給站或道館這種人潮聚集的地方。

★ 可以隨時移動到不同的聚點。

製作一個 Pokémon GO 主題的廣告牌，讓玩家知道你這邊有提供哪些服務。如果你是在道館擺攤，甚至可以推出優勝陣營優惠，讓你跟玩家更有連結，也讓玩家多一個動力攻占道館。

你可以販賣：

★食物和飲料

在炎炎夏日，Pokémon GO 的玩家為了尋找補給站、道館，以及稀有的寶可夢必須到處跑來跑去，通常在長時間的遊戲後容易有飲食上的需求。你可以到玩家聚集的地方提供飲料、食物、點心，如果在冬天，還可以提供熱湯、熱飲、暖暖包等冬日商品。

★寶可夢周邊商品

你可以在網路上用低價一次購買大量的商品，然後到玩家聚集的地方販售。貼紙、T-Shirt、鑰匙圈等小商品都非常適合在現場販售。

在道館對決的時候，團隊榮譽是玩家主要的精神指標，這個時候如果有團隊徽章，可以增加玩家的榮譽感與向心力，是販賣徽章最好的地點。因此可以先以低價大量購買 Pokémon GO 的陣營徽章，再販售給玩家。

★行動充電站

玩 Pokémon GO 非常費電，玩家很需要電源的補給，你可以把車子、摩托車或腳踏車改造為充電站，在補給站或道館附近提供充電服務。除了幫玩家充電，你也可以販售已經充飽電的行動電源給玩家！

汽車可以直接幫玩家充電，但是進不了公園等地方。如果你是想用摩托車或腳踏車幫玩家充電，你可以購買汽車電瓶，裝在車上提供充電服務。另外，也可以和店家合作，從店裡面接電出來擺攤。

案例

麥當勞小推車

在台灣除了北投公園之外,許多地方也是抓寶的聖地!
位於板橋區的介壽公園因盛產稀有寶可夢「小火馬」,
同時又有多個補給站,成為人潮聚集的場所,連麥當勞
都看準商機推著小推車做起外賣服務。

3.1.2 發 DM、贈品

針對現場的玩家發廣告文宣或送贈品做宣傳,重點是你的
文宣內容和贈品要吸引玩家。

一般在路邊發送廣告文宣的行銷方式,由於很難確認目標
客群,所以通常都以亂槍打鳥的方式發送,期待有人剛好
有興趣。

現在你有機會主動找到玩 Pokémon GO 的客群,針對這群
人擬定行銷策略,再發廣告文宣會比在路上隨機發送更有
效果。

行銷補給站

確保品牌形象一致 —— 不論是你的網站或是實體
商店,確保色調、商標(Logo)、設計、形象都
是一致的,讓客戶記得你、認得你。

 **3.2** 搭上 Pokémon GO 話題的廣告文宣

最簡單搭上寶可夢熱潮的方式，就是在宣傳廣告中把 Pokémon GO 的元素結合進來。

這個方法很簡單，但是記得不要隨便使用 Pokémon 的商標（Logo）和需要授權的圖案，避免版權的爭議；只要使用寶可夢的概念來發想廣告文案。

★「黃金店面，位於補給站，抓寶人潮絡繹不絕的開店好地點，速洽：XXXX」

★「想躺在家裡輕鬆抓寶，成為一流的寶可夢大師嗎？本套房位於補給站，讓你不用出門也能抓寶抓翻天！租屋請洽 XXXX」

★「鯉魚王抓到手軟，寶可夢大師必來的遊樂園，優惠期間出示遊戲畫面門票享 85 折優惠！」

★「卡比獸專車，帶你到卡比獸出沒的祕密地點抓寶，培養最強道館保衛者！」

★「寶可夢訓練師必備最強行動電源，讓你抓寶不斷電！特惠期間買二送一！」

案 例

台灣之星
用寶可夢作為廣告文宣除了吸引寶可
夢玩家，如果你的文宣內容夠有趣，
比起一般的廣告更吸引目光，也容易
創造話題。

➜ 圖片來源：截圖自手機畫面

接下來會有愈來愈多人使用寶可夢相關的廣告或活動文
案，寫文案的人一定要對遊戲以及玩家的心態有深入的了
解，只是寫上寶可夢三個字不代表會吸引玩家。你要先了
解自己的商品可以如何幫助玩家，然後在遊戲中找到適當
的情境套用在文案中。

如果你完全沒接觸過寶可夢，建議你先看動畫系列，很多
動畫中的經典台詞都可以讓你的文案更加吸引人。

★小智（男主角）經典台詞
　　就決定是你了！
　　我得到神奇寶貝了！

★皮卡丘經典台詞

皮卡～～皮卡皮！！！！

★火箭隊經典開場台詞

武藏：既然你誠心誠意的發問了

小次郎：我們就大發慈悲地告訴你

武藏：為了防止世界被破壞

小次郎：為了守護世界的和平

武藏：貫徹愛與真實的邪惡

小次郎：可愛又迷人的反派角色～

武藏：武藏

小次郎：小次郎

武藏：我們是穿梭在銀河的火箭隊

小次郎：白洞白色的明天在等著我們

喵喵：就是這樣～喵～

火箭隊還有其他幾個開場白，最經典還是這一個，尤其是前兩句：「既然你誠心誠意的發問了，我們就大發慈悲地告訴你。」

善用台詞可以讓玩家們會心一笑，夠好玩就容易被分享傳閱，達到宣傳效果。

 **3.3** 網路上販賣寶可夢相關商品

現在又掀起一股寶可夢狂熱，如果你原本就在經營網路商店或網拍，或是你有珍藏的寶可夢商品，現在是販售寶可夢周邊商品的好時機。寶可夢已經風靡好幾年，在市面上有各式各樣的商品，原本已經有點退燒的寶可夢卻因為 Pokémon GO 而重新大流行。

許多之前沒有接觸寶可夢的人也開始在這股風潮中認識寶可夢，從美國的 Amazon 排名就可以看出寶可夢的相關商品賣得火熱。

以下是幾個受歡迎的商品項目：

★ **寶可夢周邊商品**

寶可夢卡片、卡片的保護套、服裝、帽子、背包、玩具、電玩和書籍。

★ **早期的寶可夢遊戲**

隨著寶可夢的熱潮再起，許多玩家會想要回味早期的遊戲。你可以販售經典寶可夢遊戲，甚至可以和主機一起包套販售。

★ **陣營相關的商品**

針對 Pokémon GO 中三個陣營的相關商品。

如果你沒有寶可夢相關商品，可以去二手商店尋寶或是去雅虎拍賣、露天、淘寶網等網拍平台，或是到阿里巴巴批貨，然後轉手販售。

雅虎拍賣、露天拍賣、淘寶網都是知名的拍賣平台，可以在這裡搜索適合的商品。

雅虎拍賣：http://tw.bid.yahoo.com/
露天拍賣：http://www.ruten.com.tw/
淘寶網：http://www.taobao.com/

阿里巴巴

➡圖片來源：截圖自 http://www.1688.com/

阿里巴巴（Alibaba）是全球知名的採購批發平台，可以在此平台找到適合的產品後大量下單，降低你的進貨成本。在 Alibaba 搜尋 Pokémon 或寶可夢就會出現一堆商品讓你慢慢挑選。

阿里巴巴網站：http://www.1688.com

Amazon.com 聯盟行銷

如果你懂得網路行銷的運作方式，對英文也很熟悉，趁著現在歐美的寶可夢正熱，你可以用聯盟行銷的方式在歐美販售寶可夢相關商品。申請成為 Amazon 的聯盟商後在網路上推廣寶可夢相關商品，有人經由你的連結購買就可以拿到獎金。

Amazon.com 聯盟行銷申請
http://affiliate-program.amazon.com/welcome

 **3.4** 經營寶可夢相關社群

在資訊爆炸的網路時代，最重要的就是要有曝光度，以及有人在社群幫你分享消息。

現在是培養 Pokémon GO 社群的好時機，每天在社群媒體發布 Pokémon GO 的影片或是文章，建立有大量人潮的社群媒體。

人潮＝錢潮，趁著 Pokémon GO 的熱潮建立相關的臉書、社團、部落格或是 Youtube 頻道，然後發布對玩家有用的影片、文章或相關資訊，培養一個有大量粉絲的社群媒體。

有足夠的人潮之後就可以加入廣告贊助或聯盟行銷等不同的盈利模式。

如果你想要長期經營，建議從你擅長的領域來發揮。

★擅長製作影片的人可以用寶可夢為主題，創作有趣的音樂、搞笑影片。

★喜愛玩遊戲的人可以教遊戲攻略。

★擅長行銷的人可以分析寶可夢熱潮帶來的商機。

★插畫家可以分享自己重新詮釋的寶可夢圖像。

★愛血拼的人可以分享購買寶可夢商品的開箱文或使用心得，推薦優質的寶可夢商品給你的追隨者，一起享受追寶的樂趣！

把自己的興趣和寶可夢結合在一起，提供消費者有用的訊息！

> **行銷補給站**
>
> 經營社群盡量使用圖案或影片，只有文字，尤其是長篇的文章很容易被忽略。就算你要 PO 長篇文章，最好也附一張圖像，這樣讀者可以先預覽圖片和簡短的介紹，比較會有意願點進來閱讀文章。

 3.5 　直播頻道介紹

3.5.1 Facebook Live

f LIVE

臉書近年來開始瓜分影片平台的市場，為了鼓勵使用者上傳影片到臉書，直接上傳臉書的影片會比分享 Youtube 影片的連結獲得更高的曝光率。臉書在 2016 年 4 月甚至開始新的服務——FB 直播（FB Live），使用者可以用手機在臉書上面免費直播。

和傳統的影片上傳比起來，FB 直播的曝光度高很多，比較容易被其他人看見。你可以在店裡面辦活動，或是當熱門、稀有寶可夢出現的時候，現場直播抓寶的過程。

臉書現在大力推廣 FB 直播，你可以選擇在自己的時間軸、粉絲團，或社團做 Live 直播，在臉書上面現在多一個 FB Live 的按鈕，使用者可以看見現在哪些地方在做直播。

因為臉書在台灣的普及率很高，相較於其他平台，資訊比較容易被大眾看見並分享。如果你是有經營臉書的個人或商家，FB Live 是非常好的選擇。

3.5.2 Youtube Live

YouTube 是知名的影片社群平台，支援直播和影片上傳兩種方式，申請頻道免費而且不無限流量。雖然現在很流行直播，但也不是每一個影片都需要現場直播，Youtube 本身是一個非常好的影片平台，不論你需不需要直播都建議你申請一個帳號來收集與整理你所有的影片，方便日後在不同的社群分享。Youtube 也有直播的功能，如果你有經營 Youtube 頻道，也可以選擇在 Youtube 直播。

3.5.3 Twitch

Twitch 是專門針對電競、電玩的國際性直播平台，許多電

玩的愛好者都會來到這個平台看各種電玩的直播，你可以在這裡轉播玩寶可夢的實況。由於 Twitch 是遊戲的直播平台，如果你要直播的是產品開箱文這種跟遊戲無關的題材，請不要在這裡播出。

Twitch 有一個付費追隨的機制，如果觀眾喜歡看你的影片，可以選擇付費追隨你的頻道，讓你一邊玩遊戲一邊賺錢。許多職業玩家會在平台上直播遊戲畫面，還會回答玩家的問題建立粉絲群，當自己的專業度和粉絲群建立起來之後，就可能會有廣告代言或活動代言的機會。

3.5.4 Livehouse.in

Livehouse.in 是台灣的直播平台，不同於 Twitch 是專門給遊戲的直播，Livehouse.in 除了電玩之外，還有新聞、課程、休閒、動漫繪圖等不同頻道分類，申請帳號後就可以做直播。如果你除了遊戲之外會有其他的直播，例如產品開箱影片、旅遊記錄，而且你想吸引的目標客群是一般大眾而不單只是遊戲愛好者，Livehouse.in 會比 Twitch 更合適。

Livehouse.in 除了開放給個人直播之外，最大的特色是還有針對企業用戶的跨平台直播整合行銷服務，從節目企劃、錄影、直播、行銷都可以幫你完成，在台灣已經迅速累積

數十個合作夥伴。如果你想做大型的直播活動，可以同時在多個媒體一起播出，對台灣的企業用戶來說可以有非常高的收視效果。

3.5.5 中國大陸

直播這個行業在中國愈來愈熱，除了之前火熱的映客、花椒、17 之外，現在還有小米直播，連騰訊都推出了騰訊直播和企鵝直播兩款 App。我還沒有使用中國大陸的直播平台，不宜評論這些平台的優缺，但是可以從這裡看到人們喜歡看直播的新趨勢，未來對中國直播平台有更多了解後再跟大家分享。

3.5.6 如何選擇直播平台？

★ 如果你有經營臉書粉絲團或社團，使用 FB Live 是一個不錯的選擇，可以提升影片的曝光度，進而增加你的粉絲團和社團的能見度。

★ 如果你直播的客群是親朋好友，就直接選擇 FB Live。

★ 如果你是經營 Youtube 頻道的影音部落客，在 Youtube Live 播出會是很好的選擇，可以增加頻道的點閱率。

★ 如果你的直播都是遊戲類別，而且想吸引的目標客群是遊戲玩家，日後也想要用玩遊戲來建立自己的品牌定位，建議選擇 Twitch。

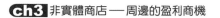

★如果你直播的目標客群是一般台灣用戶，不是自己的親友，並且本身並沒有在經營粉絲團和 Youtube 頻道，只是想要讓更多人看見你的直播，建議選擇 Livehouse.in。

★如果你是企業，想要針對台灣市場做整體的直播行銷規劃，建議選擇 Livehouse.in。

相關網站如下：

Youtube：http://www.youtube.com

FB 直播：http://live.fb.com

Twitch 遊戲直播：https：//www.twitch.tv

Livehouse.in 直播：https：//livehouse.in

3.6 經營 Line@ 生活圈與微信公眾號

3.6.1 Line@ 生活圈

什麼是 LINE@ 生活圈

LINE@ 生活圈是 Line 通訊軟體提供給商家的服務，讓你與顧客成為「LINE 好友」，輕鬆和顧客互動與群發訊息。不同於以往在網站或部落格上需要顧客的信箱才能加入電子報，Line@ 的優勢在於只要讓顧客掃描 QR Code 就可以直接加入群組，完全不用顧客提供任何資料，簡化加入群組的流程。

如果說 Line 是給親朋好友用的通訊軟體，Line@ 就是可以和顧客直接溝通的商業用通訊軟體。

除了通訊功能之外，也有行動官網、動態消息、宣傳頁面、調查頁面等功能，打造屬於你的 Line@ 社群。

不同於臉書的型態是社群網站，行銷方式是邀請顧客發布訊息和打卡，讓他們的 FB 好友認識你；Line@ 比較像是讓顧客加入你的群組，你們可以更容易溝通互動。

➥ 圖案來源標示：截圖於 Line@ 網站 http://at.line.me/tw

★ 實體店家可以在門口或收銀檯放一個告示牌，在告示牌上面放置宣傳文案以及 Line@ 的 QR Code，鼓勵顧客加入你的 Line@ 群組。

★ 非實體的商家可以在你的名片、網站、宣傳品、簡報上面加上 Line@ 的 QR Code。

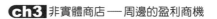

吸引人加入 Line@ 的通則

你必須用優惠吸引顧客加入 Line@ 群組，最簡單的方式就是加入 Line@ 後給予折扣或贈品。

使用 Line@ 的抽獎功能舉辦抽獎活動，由於抽獎的功能是從既有的好友中抽選，想抽到贈品的顧客就會加入好友。除了抽獎之外你也可以加入問卷調查的功能，讓顧客先回答問卷調查的問題，完成後就可以參加抽獎活動。

行銷補給站

要讓顧客做愈多動作，贈品或優惠就要愈吸引人。可以用有形的贈品或無形的贈品，無形的贈品是指優惠券、折扣、寶可夢遊戲中的道具等等，這些都是沒有實際形體的贈品。

Line@ 搭配臉書舉辦寶可夢相關活動

最理想的狀況是可以讓客戶同時 PO 文分享在臉書、到粉絲團按讚，又加入 Line@ 群組，而最好的方法就是在臉書的粉絲團舉辦活動，然後告知顧客會用 Line@ 群組通知活動結果，讓顧客自願加入 Line@。

在目前瘋抓寶的時期，用寶可夢辦活動最具吸引力！你可以善用寶可夢的主題來辦活動吸引顧客加入你的 Line@ 群組，舉辦與寶可夢拍照上傳臉書粉絲團就送優惠＋抽獎的活動。

1. 拍照上傳寶可夢的照片到臉書粉絲團（實體商家讓顧客在店裡面拍攝捕獲寶可夢的畫面，非實體商家可以指定任意場所）。

2. 分享剛剛上傳的照片到顧客自己的臉書。

3. 現場馬上給客戶優惠，並且告訴顧客除了現場的優惠之外，店家還會從上傳的寶可夢照片中抽獎送贈品，而中獎名單會在 Line@ 群組發送。

4. 邀請顧客加入 Line@ 群組，並且發一張貼圖給你，代表已經加入群組。記得告知顧客日後在 Line@ 會發送優惠券和舉辦抽獎活動。

5. 活動結束後使用 Line@ 通知得獎的客戶。

行銷補給站

如果你給的優惠和獎品夠吸引人，可以不用 Line@ 辦抽獎，直接邀請客戶去粉絲團按讚、分享照片和加入 Line@。

經營寶可夢相關 Line@ 群組

如果你是職業玩家或寶可夢愛好者想專門經營寶可夢相關的群組，可以使用 Line@ 來經營好友。你可以舉辦寶可夢的問卷調查、提供好友們寶可夢相關訊息，如果你有寫文章或製作影片經營部落格，也可以在這裡發布最新的文章連結。

Line@ 只要掃描就可以加入群組，不用跟顧客索取 email 或名字，很適合讓顧客在第一時間加入，日後你可以再發文引導客戶去你的其他網頁或粉絲專頁。

行銷補給站

你發文的內容和導向的網頁一定要與主題相關，提供顧客有興趣的主題而不是亂發垃圾訊息，因為顧客可以隨時選擇離開你的群組。

Line@ 生活圈申請：http://at.line.me/tw/

3.6.2 微信公眾號

微信｜公众平台

微信公眾號是中國大陸的公眾平台，是類似Line@的服務，功能非常強大。公眾號中可以加入很多功能，從發文、訂票、抽獎，到交易買賣都可以做到，如果你的事業在中國大陸，微信公眾號是必要的平台。

微信公眾平台：http://weixin.qq.com/

➜ 圖片來源：微信公眾平台：http://mp.weixin.qq.com/

 **3.7**　舉辦 Pokémon GO 相關活動

Pokémon GO 是一款結合擴增實境的社群遊戲，很適合拿來辦活動。

遊戲有幾個特點：

★玩家需要外出

這款遊戲給人一個理由外出，如果你想抓更多寶可夢以及孵蛋，你就必須走出去到特定的地點玩遊戲。

★團隊合作

遊戲打道館需要合作，當推出交換寶可夢和個人對戰的功能時，人與人之間會需要很多的互動。

★社交功能

看到其他人也在玩遊戲的時候，親切感油然而生，無形間也拉近彼此的距離。

如果你原本就是在辦活動的人，這是一個非常好的機會把寶可夢結合到你的活動裡面。只要有智慧型手機就可以免費下載，是一個很大眾化的遊戲。

3.7.1 Pokémon GO 交友派對

現在可以用寶可夢為主題舉辦交友活動。活動模式既新奇有話題性，又能讓大家一邊抓寶、一邊認識新朋友，分享彼此抓到的寶可夢。因為已經有一個共同的話題，大家可以省去破冰的過程。

主持人可以用寶可夢的話題開場炒熱氣氛，中途帶活動讓大家互相交流。

各種萬用的寶可夢小活動：

★自我介紹

除了正常的自我介紹，還可以介紹自己的寶可夢相關資訊，例如等級、所屬陣營、抓到幾隻寶可夢、戰鬥值（CP）最高的寶可夢是哪一隻等等。

★ 寶可夢機智問答

使用寶可夢遊戲中的相關問題來玩機智問答遊戲，例如：在哪裡可以拿到寶貝球？要如何第一隻就抓到皮卡丘？可達鴨的頭是歪哪一邊？最好是有趣搞怪的問題，可以炒熱氣氛。

★ 寶可夢快速抓寶比賽

這是要在補給站才能做的破冰活動，把活動地點選在補給站會比較方便。比賽一開始就使用誘餌灑櫻花，看在 10 分鐘之內誰能夠抓到最多隻寶可夢！抓到的人就舉手讓主持人過去檢查，確認沒問題就給他一張貼紙，比賽結束後有最多張貼紙的人就是贏家。

另外也可以購買寶可夢卡片來帶活動，準備 2 套卡片，同樣抽中皮卡丘的人成為一組。

3.7.2 舉辦大型道館爭霸活動

現在就可以舉辦道館爭霸賽，選一個適合人潮聚集的道館，召集訓練師來挑戰誰才是最強的寶可夢大師！在精靈寶可夢系列的動畫中原本就有道館戰鬥的劇情，主持人可以扮演火箭隊，邀請訓練師上門挑戰。

活動現場可以加入皮卡丘的布偶裝，絕對會吸引爸媽帶小朋友們到現場與皮卡丘互動，進而帶動更多的人潮。

舉辦活動要特別留意不要濫用官方的圖案，請看 1.10「必讀！學習寶可夢行銷之前必須了解的版權注意事項」單元。

3.7.3 舉辦大型的 Pokémon GO 玩家 PK 大亂鬥

開發商已經表示過會盡快加入玩家對戰功能，等功能開放後就可以舉辦比賽讓玩家彼此挑戰。最後三名贏家可以得到精美獎品。開放現場的玩家報名參賽，整個活動氣氛應該會熱鬧滾滾！

等交換寶可夢的功能開放後，最好的贈品當然就是非常稀有的寶可夢！我會持續在我的網站跟 Line@ 群組分享最新官方消息以及最新行銷策略與商機，有興趣的人可以上去看看。

3.7.4 Pokémon GO 攝影比賽

因為遊戲裡面可以用 AR 相機拍攝真實地點與寶可夢，在國外曾經舉辦寶可夢攝影比賽，大家發揮創意拍出有趣的寶可夢相片。你可以在社群舉辦寶可夢攝影大賽，讓網友票選最優秀的照片，按讚次數最多的作品就是贏家！

行銷補給站

在 Pokémon GO 裡面的勛章系統可以看見玩家目前玩遊戲的成就，包含「走路達人」、「孵蛋高手」等。在辦活動的時候可以善用這個系統讓活動更有變化。你可以把抓昆蟲類寶可夢超過 50 隻的人分類在同一組，或是給予走路超過幾公里的人獎勵。

➡ 圖片來源：截圖自遊戲畫面

 **3.8** 提供玩家特殊服務

在這裡介紹幾種因為遊戲需求而衍生出來的特殊服務，有些服務依照各國民情習慣不同，不一定適用於每一個地區。全面性了解各種不同的商業模式，有助於延伸、發想更多行銷策略。

3.8.1 幫玩家走路孵蛋

在 Pokémon GO 中孵蛋需要實際步行
移動，為了避免玩家使用交通工具孵
蛋，遊戲中有確認定位的機制。如果
在城市中開車走走停停還有可能被認
為在走路，如果高速行駛就會被遊戲
判定為作弊。有些玩家不想走路，會
需要有人帶他們的手機去走路，因此
衍生出幫玩家「溜」手機、代為孵蛋
的服務。在美國有網站專門提供帶手
機散步的服務，收費 1 公里 2 ～ 5 美
元，依照你需要步行的距離來計費，
距離愈短費用愈高，距離愈遠，每一
公里需要的花費就愈低。

➜ 圖片來源：截圖自遊戲
畫面

想知道國外如何經營這項服務，可以參考這個網站。http://www.pokewalk.com/

代客散步孵蛋服務也很適合餐廳業者、
髮廊、美容等商家，因為客戶需要在你
的店裡面待上一段時間，所以很適合提
供這樣的服務。以餐廳為例，餐廳可以

和想步行賺錢的人合作，當客人在餐廳用餐的時間，可以
付費請人帶手機去走路。這樣對餐廳業者來說可以吸引更
多玩家到店裡面用餐，也可以提供步行者工作機會。通常

客戶會比較放心把手機交給餐廳的合作人員，當然餐廳業者一定要找值得信任的人來擔任步行者的工作。

基於不同國家的民情，在華人國家很難想像把手機交給陌生人，通常把手機放在自己看得見的地方會比較安心，這個時候自動孵蛋裝置就會非常有用。

現在的自動孵蛋裝置都是由玩家自行嘗試，未來如果有適合放置在店面，甚至於桌上型的孵蛋機被研發出來，一定不要錯過放幾台在店裡面提供孵蛋服務。

👆 參考 4.1.1「產品開發的需求」單元。

3.8.2 販賣高等級的 Pokémon GO 帳號

有許多拍賣網站在販售高等的 Pokémon GO 帳號，依照等級和獲取的寶可夢定價，愈高等的帳號價錢愈高。有許多願意付費購買帳號的玩家，這也是一個可以獲利的機會。

👆 免責聲明：官方並不鼓勵買賣或交換帳號的行為，交換帳號的風險玩家需自行承擔。

3.8.3 幫玩家代練、代抓寶的服務

玩家可以付錢請別人幫忙抓寶，也可以代抓特定的寶可夢，依照捕獲寶可夢的難易度和數量，價錢不同。

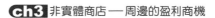
3.9 提供實體商家服務

很多實體商家從新聞媒體得知寶可夢很夯，或許很多商家還不知道自己的店面可以跟寶可夢做結合！

要找潛在客戶很簡單，你只要到補給站附近觀察商家，就會知道哪些商家還沒有開始做寶可夢行銷。你可以進去和老闆聊寶可夢，並且告訴他如何運用此風潮並從中受惠。

3.9.1 提供行銷與設計服務

★ 行銷公司可以提供寶可夢行銷服務。

★ 平面設計師可以提供寶可夢宣傳品設計服務。

👆 這兩種在服務在 Ch.4「各行各業的行銷運用與商機」有詳細解說。

行銷補給站

請專家幫你操作 Pokémon GO 行銷 —— 如果你沒有興趣研究 Pokémon GO 行銷，你可以找人幫忙企劃行銷策略，讓你也搭上這一股寶可夢熱潮。

Pokémon

3.9.2 提供寶可夢商品給商家

做寶可夢行銷可能會需要贈送寶可夢相關商品，如果你是
禮品供應商，可以提供寶可夢商品目錄讓商家挑選贈品，
省去商家自己搜尋商品資訊的麻煩。

Ch4

各行各業的
行銷運用與商機

Pokémon GO是一款老少咸宜的休閒遊戲，
在這一股寶可夢熱潮中，
在世界各地抓寶已經是一種全民運動！
每一種行業都有機會和寶可夢做結合，
在這個章節中我們將會探討不同的行業
可以如何搭上這一股寶可夢熱潮，創造商機！

 **商品／ APP 開發者的商機**

Pokémon GO 上市之後各式各樣的相關商品如雨後春筍般的冒出來，有許多 Pokémon GO 相關的 APP 程式，也有很多玩家自行開發的裝備。其中有協助玩家能夠正確投球的手機殼，也有自動孵蛋的裝置。由於遊戲上市沒多久，尚未有太多官方正式推出的周邊產品，你可以從玩家自行開發的裝備中發現開發產品的商機。

4.1.1 產品開發的需求

首先來看官方推出的周邊以及各種玩家發明的有趣產品，相信你會更了解遊戲玩家的需求。

Pokémon GO Plus

任天堂為 Pokémon GO 設計了一款藍牙手環「Pokémon GO Plus」，手環藉由藍芽連接手機，當附近有補給站或是有寶可夢出現，手環會用 LED 提示燈或震動的方式發出提醒，還可以讓玩家用手環抓寶。

這個產品讓玩家不用看手機就可以偵測補給站和寶可夢，蘋果公司也發布可以在 Apple Watch 玩 Pokémon GO 的消息，讓玩家可以更貼近生活玩遊戲！如果你想開發 Pokémon GO 的周邊，可以往這個方向企劃商品。

Pokémon GO Plus 定價為 34.99 美元（換算台幣約 1,100 元），開始預售就被搶購一空，非常搶手。

➡ Pokémon GO Plus 手環。
　圖片來源：IGN.com http://www.ign.com/wikis/pokemon-go/Pokemon_Go_Plus

👆 對這款手環有興趣的朋友可以到 5.1.1 看更詳細的解說。

發射寶貝球的困擾 —— 瞄準手機殼

玩家在收服寶可夢的時候必須發射寶貝球，如果不小心丟歪或是丟太遠就會浪費一顆寶貝球，許多操作不靈活的玩家常常要丟好幾顆球才能抓到寶可夢，多麼希望能夠一次就丟中！

➡ 3D 列印出來的「瞄準手機殼」。截圖自 Jon Cleaver 在 MyMiniFactory.com 的資訊 http://www.myminifactory.com/object/pokeball-aimer-pokemon-go-23009

基於這個需求，美國玩家 Jon Cleaver 設計了一款能夠輔助玩家丟球的手機殼，玩家裝上手機殼之後只要順著手機殼的軌道丟球就可以丟出漂亮的直線，再也不用懊惱自己笨手笨腳。這個手機殼是以 3D 列印的方式免費提供下載，但只能讓 iPhone 6 使用，需要的人可以自己去列印。

現在你知道玩家會有寶貝球丟不準確的困擾，如果你能夠針對這個問題開發產品，就會有商機！

抓寶的工具

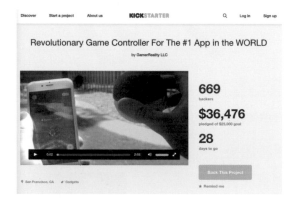

➙截圖於 http://www.kickstarter.com/projects/1193114899/revolutionary-game-controller-for-the-1-app-in-the

玩家對於抓寶的工具也會有需求，因此國外的遊戲工具創意團隊 Game Reality 在群眾募資平台 Kickstarter 正在募資一款實體寶貝球，這顆球用 WiFi 連結手機可以感應你丟出寶貝球時候的路徑，玩家可以實際丟出球，或是用手勢的方式丟球，比滑手機更有成為寶可夢訓練師的真實感！

這款寶貝球的材質有彈性並且耐摔，不但可以拿來抓寶，也可以變成行動電源幫手機充電，身為專業的寶可夢訓練師怎麼能錯過呢？

除了這款工具之外，如果有其他創意設計的抓寶工具，相信也會引起玩家的興趣，可以換個方式來抓寶。

孵蛋的困擾 —— 自動孵蛋裝置

在遊戲裡面有孵寶貝蛋的機制，玩家必須靠走路孵蛋，有的蛋走 2 公里就會孵化，有些蛋要走 10 公里才會孵化。孵蛋就像在玩轉蛋機一樣非常有樂趣，玩家們會非常期待寶貝蛋快點孵化成功，看能夠獲得哪一隻寶可夢。

因此有許多玩家想盡辦法要快速孵蛋，各種稀奇古怪的孵蛋方式紛紛出籠。

★把手機綁在狗的項圈上，然後丟球讓狗來回跑，不但可
　以跟狗狗一起玩遊戲，還可以順便孵蛋。

★把手機綁在掃地機器人上面，讓機器人邊掃地邊孵蛋。

★把手機綁在玩具狗上面，讓玩具狗背著手機到處走。

★把電扇改裝為孵蛋機，讓電扇邊旋轉邊孵蛋。

★把手機綁在小火車上，讓火車在軌道上繞圈圈。

★用肩頸按摩棒震動手機畫面，讓系統以為你在走路。

據說火車軌道的方法有用，只是一般人在家裡面裝軌道距離太短，加上火車跑得慢，所以效率並不好。

如果你對開發孵蛋機有興趣，這裡有一些想法：

★改造旋轉壽司軌道

　如果店裡面可以改造旋轉壽司店在使用的軌道，加上行駛快速的火車頭，就可以讓玩家把手機放在一節火車上面孵蛋。如果一台火車頭載不動好幾台手機，可以買好幾台火車頭在軌道上面跑。為了防止手機被其他人拿

走，整個軌道可以用透明的罩子罩住，只有店家可以取放手機。每節車廂都有號碼，店家收取手機的時候同時發號碼牌給客戶，等孵蛋完畢後再拿號碼牌換回手機。

★ 桌上型時尚孵蛋搖搖機

因為快速震動可以孵蛋，或許可以用泡沫紅茶搖搖機的概念來開發孵蛋機，藉由上下震動來孵蛋。最理想的是能夠開發出一個小而美觀的機器，體積夠小可以放在桌面的角落，玩家把手機綁上去後就可以開始孵蛋。這樣的裝備絕對會讓玩家為之瘋狂，如果還能夠順便充電就更完美了。

想像一下，如果這台裝置體積夠小，可以放在桌子的角落，很多商家可以在店裡出租孵蛋器給玩家使用，讓玩家來消費的時候順便孵蛋！相信有許多玩家一定會想去可以孵蛋的地方消費。這樣的裝置不但可以賣給玩家，還可以賣給商家，會是另一波商機。

沒電的困擾 —— 太陽能背包

我在網路上看過玩家分享一個產品，可以說是寶可夢訓練師的最強裝備，就是太陽能背包！大家都知道玩 Pokémon GO 非常耗電，若有一個裝了太陽能板，可以隨時充電的背包，你就完全不會有手機沒電的困擾，也不用帶好幾顆行動電源或跑到商店裡面充電。不但如此，背包裡面可以放水、點心、防曬乳等裝備，讓你上山下海都可以抓寶，功能非常完善。

玩家一定會有沒電的困擾，如果有方便充電，又有其他附加功能的商品出現，就可以解決玩家的困擾。

電話要倒著放的困擾 —— 可以倒放手機的裝置

為了孵蛋和隨時能夠知道有沒有寶可夢出現，遊戲畫面必須一直開著。官方有提供一個省電模式，把手機倒過來畫面就會自動變暗。

這樣會產生一個困擾，當玩家想把手機放在桌面上的時候很容易就結束省電模式，所以玩家必須將手機頂在物件上面讓它產生一點斜度。

市面上已經有販賣可以撐住手機的裝置，如果你有更特別的設計和圖像，相信也會有一群人需要這樣的特殊商品讓他們可以隨時隨地將手機倒立放置。

Cosplay 專用的衣服和配件

如果你是服裝設計師或是懂得製作衣服的人，可以製作與販賣 Pokémon GO 的相關服裝與配件。從男女主角的服裝、寶可夢教授的服裝，甚至寶可夢的布偶裝都是熱門的 Cosplay 角色。

除了服裝之外，寶可夢訓練師的標準配件就是帽子和背包，這也是可以開發的產品種類。

➔ 圖片來源：截圖自遊戲畫面

開發陣營徽章的相關商品

精靈寶可夢的周邊商品非常多，市場也很飽和，加上還有肖像權的問題，你根本不需要針對寶可夢本身來開發商品。現在可以發揮的地方就是針對三個不同陣營來開發產品。

如果你是商品開發商，並且可以得到官方授權，這裡有一些可以開發的商品提供參考。

★ 陣營寶貝球

可以開發三個不同陣營的寶貝球，如果打道館的時候拿一個自己陣營的寶貝球，更能融入遊戲氛圍之中。

除了不同陣營的寶貝球，也可以製作高級寶貝球與超級寶貝球。另外，也可開發小一點的寶貝球做成鑰匙圈，方便戴在身上。

★ 不同陣營的手機殼

玩遊戲一定會拿著手機，如果有一個自己陣營的手機殼更能顯現出對所屬陣營的擁有感與榮譽感！將手機套上自己陣營的手機殼，就可以輕易分辨出哪些人是隊友、哪些人是對手，現場組隊一起打道館。

如果你沒有官方授權，可以用陣營的概念來設計產品，例如紅色、黃色、藍色，和一些你自己設計的元素，千萬不要用官方的徽章、Logo 等圖像。

4.1.2 APP 或網路平台的需求

開發遊戲指南 APP

現在會有一群人想要知道遊戲的攻略法、各種培養寶可夢的方式，還有寶可夢的位置地圖等各式各樣的訊息。如果你擅長開發 APP，可以提供玩家各種有用的資訊。

目前在網路上已經有非常多遊戲指南，並不建議你自己寫指南又開發 APP，除非你自己原本就在寫攻略本。你可以找寫攻略的人一起來合作，你只要負責 APP 的開發。

很多網路上的攻略資料並不完整，如果真的想開發一個遊戲攻略的 APP，建議你不要到處拷貝攻略然後湊成一個攻略本，而是把資料蒐集完整，整理後重新詮釋成一本高品質的攻略本。你可以採取免費下載，在 APP 裡面置入廣告來獲取營收的商業模式。

開發輔助遊戲的 APP

★網路地圖

　玩家除了遊戲指南之外，最想知道的資訊就是寶可夢的出現地點，以及補給站和道館的位置。遊戲在美國上市不久就有一些偵測寶可夢位置的 APP 出現，幫助玩家尋找寶可夢。這些 APP 採取的商業模式也是免費下載後置入廣告。

　遊戲才剛剛開始發行，除了尋找寶可夢之外，還會有其他需求，而且遊戲開發商會陸續加入新功能、新玩法，

以及新道具，如果你想開發 APP，請密切注意官方的動態。

★寶可夢升級計算

寶可夢要成長的時候需要消耗星塵和糖果，如果有一個 APP 可以讓玩家計算總共需要花費多少星塵和糖果才可以把寶可夢升級進化到最高等，就可以幫助玩家規劃星塵和糖果的分配。

最好是玩家可以輸入某一隻寶可夢目前的狀況，APP 就可以幫忙計算進化到最高等級還需要的經驗值與糖果量。

★寶可夢戰鬥模擬器

在 Pokémon GO 中玩家會到道館戰鬥。每一隻寶可夢都有水、火、雷、地等 18 種不同屬性，也有不同的強項；有些寶可夢適合防守，有的適合攻擊。目前已經有紙本的屬性對應表，如果有一款 APP 能夠讓玩家輸入寶可夢的資料之後，軟體自動建議玩家用什麼屬性的寶可夢去攻擊比較有利，甚至推薦幾隻寶可夢給玩家做參考，將會非常方便。

開發 Pokémon GO 的網路平台

如果能夠針對 Pokémon GO，有一個像愛評網、Gomaji 這種評價平台，就可以協助玩家找到最適合玩遊戲的地點。因為 Pokémon GO 需要到不同的地方抓寶，除了餐飲業者

之外，旅遊業以及提供周邊服務的業者也可以加入這個資訊平台。這個平台主要的目的就是服務 Pokémon GO 的玩家，不論是要找位於補給站附近的商店、位於道館周邊的店家、有提供充電的餐廳，或是想規劃一趟旅遊抓寶行程、或是想搭乘寶可夢專車去抓寶，都可以搜尋到相關業者。

商家註冊登入後，可以列出自己店裡面的狀況：

★有沒有免費 WiFi？
★有沒有提供充電？
★有沒有電源線、行動電源的租借服務？
★是不是補給站？
★附近有沒有道館？
★店裡面出現過哪些寶可夢？
★提供哪些優惠給寶可夢玩家？
★提供哪些 Pokémon GO 的相關服務？

如果有這樣的平台，玩家就可以上網搜尋適合去抓寶的商家，而商家也有機會被玩家搜尋到，增加曝光度。

自己開發平台困難度很高，如果你現在就是網路平台的業者，也許可以在既有的系統上添加寶可夢玩家會想要知道的特殊資訊欄位，並且邀請既有的合作店家來補充資訊，這會是最快速有效的方法。

4.2　平面設計／插畫家的商機

4.2.1 設計與販售寶可夢相關商品

如果你是平面設計師或插畫家，可以自己設計商品來販賣。但是千萬記得不可以使用任何官方的圖像，你只是使用寶可夢的主題來發揮創意。在國外有些畫家會用他獨特的筆觸和幽默的方式重新詮釋知名卡通人物。

這裡要再次強調，精靈寶可夢系列對於寶可夢的版權非常重視，尤其是當你有商業行為的時候要特別注意。

現在網路上有許多客製化商品的平台可以依照你需要的數量來製作商品。先製作一個商品目錄給客戶挑選，等有人下單後再把商品製作出來，然後寄給客戶。

就像在商品開發的單元所提到的，現在最可以發揮的地方就是與陣營相關的元素。寶可夢本身已經有許多周邊商品，市場非常飽和。

你可以使用紅色、黃色、藍色的概念為不同陣營設計商品，但是如果沒有官方的授權，也請避免使用官方的陣營商標（Logo）和相關圖像，要使用你自己的設計。

請詳讀 1.10「必讀！學習寶可夢行銷之前必須了解的版權注意事項」單元。

這裡有幾個可開發產品的想法提供參考：

寶可夢玩家都會到處趴趴走，尤其在道館戰鬥的時候穿著自己陣營的衣服和配件會更有臨場感，而且一眼就能看出誰是夥伴！建議每一個商品都做三種不同顏色版本，玩家可以依照自己的陣營購買。

★ T-shirt
★ 帽子
★ 背袋
★ 手機殼
★ 陣營貼紙

你可以到美國的網站看更多設計靈感，輸入 Pokémon GO 搜尋就會出現相關商品：

★ *Teespring：http://teespring.com*
★ *Cafepress：http://www.cafepress.com*
★ *iFrogTees：http://www.ifrogtees.com*

Teespring 和 Cafepress 是美國的客製化商品平台，你可以上傳自己的商品設計、制定價錢，然後在商城販賣，有人下單後他們會幫你製作並且寄貨給買家。寄到台灣的費用不便宜，比較適合賣給歐美國家。

想了解台灣的客製化商品平台，請參考 6.3「各種開發平台與工具介紹」單元。

4.2.2 Line 貼圖／微信表情

你不能用寶可夢的圖像上架貼圖，但是你可以繪製自己的訓練師造型，然後加上玩家常用的用語製作成 Line 貼圖，例如：

> 就決定是你了！
>
> 抓到了！
>
> 下櫻花啦！
>
> Gotcha！

你需要觀察玩家的慣用語，才能企劃出最貼近玩家使用需求的貼圖。道館戰鬥和三個陣營是非常好的發揮元素，你甚至可以用不同顏色和造型的角色來做不同陣營的貼圖，或是把三個陣營全部包含在同一套的貼圖裡面。

👆 想了解 Line 和微信的貼圖平台，請參考 6.3「各種開發平台與工具介紹」單元。

4.2.3 為客戶提供整套 Pokémon GO 宣傳品設計

有些商家在補給站和道館附近，會想要在社群網站或店門口做宣傳，但是需要設計 Pokémon GO 相關的宣傳品。你可以從地圖上得知哪些商家可能會需要這些服務，然後主動去拜訪商家提供你的設計服務。

在找客戶之前你要先把整套方案規劃好，設定一個價錢，並且製作 DM 方便客戶一眼就了解你所提供的服務。你可

以設計幾套 Pokémon GO 的行銷設計模板，只要幫客戶加上他們的 Logo、聯絡方式和文字就可以快速交件，降低成本和定價。客戶可能會需要：

★FB 的橫幅

★Youtube 頻道的圖案

★海報

★告示牌

有了 Pokémon GO，要搜尋潛在客戶很簡單，你只要到補給站或道館附近尋找商店，主動詢問店家有沒有興趣和寶可夢的熱潮做結合，並且提供你的設計服務。

 **4.3** 交通業者的商機

4.3.1 **寶可夢專車**

如果你是合法的交通業者，現在有一個抓寶商機等著你！

在 Pokémon GO 中玩家必須步行培養寶貝蛋，但是遊戲並不承認超速的步行距離，如果車速太快根本無法孵蛋。玩家需要搭乘車速不快的車，例如在城市裡面或擁擠的街道中行駛的車輛，才能夠一邊坐車、一邊充電、一邊孵蛋、一邊收集補給站，又一邊抓寶可夢。

如果你知道所有補給站和道館的位置，可以載著玩家繞圈圈，需要戰鬥的時候就停在道館附近等他戰鬥，然後前往下一個地點。

一次滿足所有需求，肯定能夠成功擄獲玩家的心。

★如果你是旅遊業者，可以直接舉辦「寶可夢旅遊專車」，開團一起去抓寶！

★如果你是個人計程車，可以給玩家你的聯絡方式，也可以在自己的社群網站宣傳這項特殊服務。

★如果你是連鎖計程車品牌，更可以提供這樣的服務，讓玩家去到不同的城市也可以搭乘寶可夢專車！

寶可夢專用車的不同之處，就是寶可夢專車比較像遊覽車，會帶乘客到各個不同的景點，等乘客完成需要做的事情之後再帶他到下一個景點。

每一個寶可夢玩家都要做的事情，就是去補給站獲得道具和經驗值、孵寶貝蛋，以及抓取寶可夢。與其用走的，不如使用交通工具來得快。而且寶可夢的出現率也會因為你旅行的距離而增加。如果使用交通工具，一趟車程就可以經過好多個補給站跟道館，也就有機會捕獲更多不同的寶可夢。

雖然玩家有這個需求，但是如果告知一般不懂遊戲的司機，光是溝通就要講很久，而且司機也容易不耐煩。此時你若能掌握住玩家的想法，針對寶可夢玩家提供載客抓寶可夢和充電服務，甚至於熟悉城市中的道館地點，帶玩家到不同的地標盡情的玩遊戲。用包車的方式收費，這樣玩家就可以揪團一起坐車去抓寶了！只要讓玩家玩得開心，下次會再來找你，也會推薦給身邊玩遊戲的朋友。你也可以在社群網站主打你的特殊服務跟賣點，把生意推廣出去。

案例

雄獅旅遊

雄獅旅遊推出「尋寶夢公園專車」行程，在專車上提供WiFi、電源、水和旅遊保險。車上還有抓寶達人教你玩Pokémon GO ！

➡ 圖片來源：截圖於雄獅旅遊網站

Pokémon

大都會計程車

大都會計程車推出「寶可夢包車」，想叫寶可夢專車的玩家可以使用大都會計程車專屬 APP，選定上車地址，然後選擇「寶可夢包車」，你專屬的寶可夢專車就會來接你去抓寶了！

寶可夢包車每小時只要新台幣 350 元，每趟最少要叫 3 小時；如有跨縣市的情況，則每小時改為 500 元，而若不滿 3 小時，市內每小時 500 元計價。

4.3.2 大眾交通工具

除了寶可夢專車之外，玩家也可以選擇搭乘大眾交通工具。捷運和高鐵速度過快不適合玩遊戲，火車的路線過於荒涼，也沒有多少補給站。整體衡量起來在交通工具中，公車是比較好的選擇。

案 例

台北 307 公車

台北 307 公車被稱為「全台最棒抓寶可夢專車」，行車路線常經過飄著櫻花的補給站。有網友實測搭乘一趟就抓到 51 隻寶可夢、經過 143 個補給站補充道具，還孵出一顆 5 公里的蛋，不愧為「全台最棒抓寶可夢專車」！

我自己親自坐公車實測過,沿途不但有許多補給站,也因為經常走走停停比較容易抓寶,一趟車程也孵了一顆 2 公里的蛋。現在坐公車有更多的吸引力,政府可以藉由這個現象多宣導大家做公車,不但環保又可以抓寶兼孵蛋,一舉數得!

4.3.3 不同交通工具的經營優勢分析

公車的優勢

★收費便宜。

★公車會經過鬧區,容易經過補給站。

★行進間走走停停,很適合孵蛋。

★寶可夢容易出現。

★有冷氣可以吹。

★有些公車提供 WiFi 和充電。

遊覽車優勢

★全車一起抓寶樂趣多,還有抓寶達人和你互動!

★保證有座位,並且不會擁擠。

★有趣的抓寶活動:未來開放玩家交換寶可夢之後,也可以舉辦比賽贈送熱門寶可夢給玩家。

★保證都有 WiFi 和充電,還有提供飲水。

計程車的優勢

★客製化行程，並非像公車、遊覽車走固定的路線。

★可以提供玩家 VIP 服務，帶玩家去抓還沒有抓到的寶可夢。

★可以隨時停下來讓你專心打道館。

★推廣的時候建議客人找四個人一起搭乘，降低每個人的開銷。

計程車業者的注意事項：

計程車的費用比其他兩種交通工具高，要和其他交通工具競爭，就要給玩家更多吸引力。建議有心經營寶可夢專車的司機要把自己打造成寶可夢達人，對遊戲中補給站、道館的地點、寶可夢的分布圖瞭若指掌之外，最好還能提供玩家到哪裡抓寶的建議，讓玩家搭乘你的車之後會收穫滿滿。

 **4.4　觀光旅遊業的商機**

觀光旅遊業是在這一股寶可夢熱潮中最受惠的產業之一，說這款遊戲就是為觀光產業而設計都不為過。

在 Pokémon GO 遊戲裡，其中一個重要的任務就是收集所有的寶可夢，而寶可夢分布在不同的地區，玩家如果想收集全部的寶可夢就需要到不同的地方抓寶。

寶可夢依照屬性分布在不同的地方，山區出現的寶可夢與海邊出現的寶可夢不一樣，你可以用網路或手機查詢寶可夢的分布圖。掌握熱門寶可夢出沒的地點，對玩家來說有絕對的吸引力！未來遊戲還會持續加入新的寶可夢（截至第 6 代總共有 721 隻寶可夢，目前只開放 151 隻），相信這個抓寶的風潮會繼續延續。

👆 特別企劃 A.3 查看熱門寶可夢。

4.4.1 繪製寶可夢地圖

寶可夢玩家會需要有標示補給站和道館位置的地圖，最好還有標註會出現的寶可夢種類。

在製作地圖的時候都要特別注意不要使用官方的寶可夢圖案、寶貝球或 Logo。先前台北市立動物園以及高雄市政府都曾經和台灣寶可夢代理商發生爭議，所以在使用上務必要特別注意。

如果你製作的地圖會有非常大規模的經濟效益，建議和代理商討論得到合法授權的可能性，合法授權就有機會使用官方的資源，大家一起共創多贏的局面。

如果你是旅遊業者，你可以製作不同城市的 Pokémon GO 地圖，除了寶可夢相關的地標之外也標示知名的觀光景點和有合作關係的美食、購物的商店，當然也要加上你公司的 Logo 和聯絡方式，宣傳公司的服務。如果地圖做得夠

精美可以販賣給觀光客，也可以作為客戶跟你買旅遊行程的贈品。

如果你不是旅遊公司，除了自費製作地圖之外，還可以找商家贊助，然後把他們的商店標示在地圖裡面，共創雙贏。

雖然一般玩家不會瘋狂到跨國抓寶，但到了一個陌生城市能夠拿到一張抓寶地圖會非常吸引人。你可以在社群網站宣傳你的地圖，讓遊客們知道，到了你的城市，第一件事情就是要跟你拿地圖！

有人會認為手機就可以下載標示地圖的 APP，但手機的 APP 不能很清楚的看到整個城市的地圖，只能滑動畫面去看不同的區域，而且對休閒玩家和觀光客來說有一張地圖比較方便查詢並且協助他們規劃抓寶旅遊行程。

👆 請到特別企劃 A.1「寶可夢分布圖」學習如何找寶可夢的地標。

案例

台北市立動物園
台北市立動物園 2016 年 8 月 9 日在臉書 PO 出精心製作的「Taipei Zoo PokeMap」給所有寶可夢訓練師，將所有道館、補給站通通列出，讓玩家們能夠輕鬆一覽園區內所有據點。

案 例

中興大學、政治大學

➥ 圖片來源：截圖於「政大寶可夢補充站地圖」

在台灣，中興大學整理出「寶可夢地圖」，政治大學的《政大學聲》使用 Google 的服務 ── 我的地圖推出雲端的「政大寶可夢補充站地圖」，以方便大家抓寶，讓師生們都大呼貼心！

4.4.2 寶可夢旅遊行程

如果你有辦活動或導遊的經驗，可以舉辦寶可夢的抓寶旅遊行程。畢竟這個遊戲的主旨就是去不同的地方探險，非常適合拿來規劃旅遊行程。

你可以從城市中找出補給站、道館，以及熱門寶可夢的出沒地點，然後規劃一整套行程帶大家一起去抓熱門寶可夢。一般來說觀光旅行的客群會以休閒玩家為主，帶大家去抓寶、孵蛋，到處吃吃喝喝會是主要訴求。

如果團員中有非常多年輕的重度玩家，還可以帶著團員一起去占領道館！

Pokémon GO 有一項可以在旅行業活用的功能，就是遊戲裡面的 AR 相機。一般人出外旅行愛拍照，有了 AR 相機玩家可以在不同的真實地點拍攝寶可夢身影。

規劃行程的重點：

★遊覽車最基本配備要有 WiFi 熱點、充電、水。

★隨車抓寶達人教大家玩 Pokémon GO 及帶活動。

★標榜參加寶可夢旅行團可以同時觀光、抓寶、孵蛋兼學習！

★用餐的餐廳或居住的旅館選定在補給站旁邊，在限定時間之內，公司會不斷放置誘餌裝置，讓團員在房間裡面就可以捕捉寶可夢。

★旅遊期間抓到熱門的寶可夢，只要上傳臉書並且標籤（tag）旅遊公司名稱，就送贈品。

★同樣是抓寶的旅遊行程，出發時間、抓寶路線、活動設計，都可以針對不同的族群規劃不同的抓寶行程。

關於帶活動的方法，請參考 3.7「舉辦 Pokémon GO 相關活動」單元。

小朋友的寶可夢營隊

如果你有照護小朋友的執照,例如補習班、幼稚園或安親班,可以提供帶小朋友去探索寶可夢的服務,例如在假日舉辦一日寶可夢探險團。這樣小朋友可以開心的抓寶可夢,父母也可以趁機休息。如果領隊或老師打扮成寶可夢教授,對孩子會更有吸引力!

親子抓寶團

週末可以舉辦親子抓寶團,全家出動一起去抓寶。親子團主要的目的是讓家長和孩子之間可以有一個共同的話題和興趣,拉近彼此的距離。阿公阿嬤也可以帶著孫子一起來參加活動。

有些家長或許不會玩遊戲,領隊可以在旅途中教大家安裝遊戲,進行一些親子互動的活動讓家長跟孩子一起享受抓寶的樂趣。通常寶可夢出現的時候,現場的人會同時看見,你的互動活動就可以讓親子比賽誰可以先抓到寶可夢。

給外國人的觀光行程

Pokémon GO 風靡全球,國外的觀光客來到台灣很可能也會想要抓寶、孵蛋。旅行業者不用針對外國觀光客規劃專門的抓寶行程,畢竟會特地出國去抓寶的人並不多,但是你可以在原有的觀光行程上面多經過補給站,讓有玩遊戲的人多一項在國外抓寶的樂趣。

最重要的是要帶他們去亞洲區域限定的「大蔥鴨」出沒地點抓寶，讓遊客不虛此行！關於「大蔥鴨」的分布地點可以在網路上查詢。

外國觀光客通常不能隨時手機上網，在宣傳旅遊行程的時候可以強調車內有免費 WiFi，以及有機會抓寶、孵蛋。

探訪美術抓寶之旅

許多地方性的壁畫、公共藝術、著名地標都被標示成為補給站或道館，可以規劃一個認識城市中的藝術、又順便抓寶的旅程，帶著遊客走訪藝術作品。

你一定要事先規劃好路線，確認途中有幾項大型的作品，不然補給站中有很多地標都是變電箱……

邀請旅客一邊抓寶，一邊來認識隱藏在城市中的藝術裝置品。

抓寶輕旅行

半天到一天的輕鬆行程，大家一起去旅行吃美食、一邊可以抓寶孵蛋。通常在一個城市能抓到的寶可夢有限，先確認哪些區域比較多平常抓不到的寶可夢，再規劃行程帶大家去抓寶。

4.4.3 出國旅遊抓寶行程

限量最美！想完整收集所有的寶可夢就要到澳洲捕捉「袋

龍」；去歐洲捕捉「吸盤魔偶」；在北美洲捕捉「肯泰羅」；在亞洲捕捉「大蔥鴨」。你可以先確認這些區域限定寶可夢在當地的哪裡抓得到，幫遊客安排一個捕捉地區限定版寶可夢的行程，讓玩家有機會出國旅遊又可以抓特殊限定版寶可夢！

我在書裡面一再強調，寶可夢只是輔助行銷的工具，請先規劃一個很棒的旅遊行程，然後再把地區限定寶可夢出現的地點安排進來。畢竟沒有人會為了抓寶可夢而花錢出國旅行，所以行程的規劃還是最重要的。

既然要標榜是捕獲寶可夢之旅，那旅途中的行進路線可以盡量安排經過補給站，交通工具和旅館也盡量有 WiFi 和充電選項。

案 例

燦星旅遊

燦星旅遊搭上寶可夢的風潮，推出各式各樣的國內外抓寶行程，吸引寶可夢訓練師們出國旅遊順便抓寶。

除此之外，燦星旅遊還舉辦「尋找抓寶訓練師 送您澳洲雙人遊抓袋龍 報名就送千元旅遊金」活動，活動的詳細內容如下：

【徵選方式】

一、活動分組：依照您遊戲裡所選的陣營組隊進行報名。

二、徵選規則：

此徵選分成四個階段：

1. 海選：只要您是等級 10 級以上的玩家且擁有 30 隻以上不同的寶可夢即可進入複選。

2. 複選：進入複選之後於 9 ／ 5 16:00 前升級到 16 級且擁有 80 隻以上不同的精靈，其中一隻的 CP 值大於 1,500 以上即可進入決選。

3. 決選：依照複選玩家提供之相關資料 PK 玩家等級（占比 40 ％）、精靈最高 CP 值（占比 30 ％）、不重複精靈數量（占比 30 ％），各組積分前 6 名的玩家可挑戰燦星聯盟。

4. 燦星聯盟：各組積分前 6 名的玩家於現場指定時間內對決道館，最後占領道館的組別獲勝並進行指定抓寶大賽，指定時間內抓取最多寶可夢的玩家為最後聯盟的總冠軍，獲得燦星旅遊最大獎項。

NiNi Gotcha!

燦星旅遊的這一個活動非常有趣，不但讓玩家分陣營對戰，獎品還是非常吸引人的國外旅遊行程，可以讓玩家去國外抓區域限定版的寶可夢。

目前還沒有開放個人對戰功能，等功能開放後可以用網路直播的方式直播玩家們對戰的畫面，會讓整個活動具有高度的娛樂性和可看性，對燦星旅遊也會是很好的宣傳。

如果舉辦對戰，會比較吸引年輕人和專業玩家，未來如果有更多商家用對戰比賽來吸引玩家並且給予優勝者高價值的獎勵，或許會吸引一般休閒玩家也想學習如何培養寶可夢和對戰。寶可夢的培養和對戰的方式並不困難，只要上網就可以看到很多資料，Youtube 頻道上也有影片教學，建議商家們可以趁著舉辦活動，多跟玩家分享如何培養寶可夢以及如何和其他玩家對戰，讓更多人有信心參與活動。

4.4.4 針對大陸觀光客的台灣抓寶之旅

大陸地區尚未開放寶可夢，但是在網路上有許多網友知道這款遊戲而且有很多的討論。觀光業者可以針對大陸觀光客設計一套遊台灣又可以體驗抓寶樂趣的行程，增加行程的特色與賣點。這邊要特別注意，目前這款遊戲並沒有在大陸的 Apple 商店上架，如果要在台灣抓寶，需要把 Apple 商店區域換成台灣才能下載遊戲，領隊需要知道如何教大家轉換商店才能讓旅客下載安裝遊戲，並且開始體驗抓寶的樂趣。

4.4.5 飯店／民宿業者

外宿在飯店的時候，如果待在房間裡面就可以有下著櫻花雨的補給站，那是多麼幸福的事情！對飯店／民宿業者來說，位於補給站會比在道館有利。通常有能力打道館的都是中度到重度玩家，人數較少，比較多的還是單純享受抓寶、收集以及和培養寶可夢的休閒玩家。

在這裡還是要強調，遊客不會因為你是補給站而選擇來住宿；旅館的房間、服務、地點要先滿足遊客的需求。位於補給站或道館會多增加一個賣點，當然沒有理由不讓遊客和旅行社知道你位於補給站和道館啦！

案 例

新北投溫泉旅館
在寶可夢登陸台灣之後，北投公園變成熱門的抓寶聖地，寶可夢出現的速度很頻繁，經常出現迷你龍、可達鴨、鯉魚王等熱門寶可夢，運氣好還可以抓到快龍、卡比獸，完全是訓練師的天堂。
很多訓練師會想在公園附近的旅館過夜，不但抓累了可以回旅館休息，也可以在房間裡面邊泡湯邊抓寶，享受抓寶泡湯之旅。

NiNi Gotcha！

自從我去過北投公園抓寶之後，回到家也無法忘懷滿地都是寶可夢的壯觀場景，我還抓了許多鯉魚王進化成為強大的暴鯉龍，讓我再也回不去在家癡癡等待寶可夢出現的日子。我開始查詢北投溫泉旅館的資料，準備要來規劃一趟泡湯抓寶之旅啦！

請注意旅館附近的補給站分布圖，除了北投公園、南寮漁港等知名據點外，還是有很多地區聚集很多訓練師，不要錯過任何可能性。

4.4.6 地方政府推廣觀光

Pokémon GO 是一個很適合促進觀光的工具，當然要先確認你想推廣的景點有沒有補給站，以及在這個地點可以捕捉到哪些寶可夢。確認好之後就可以針對這個地區的條件來企劃觀光活動。

如果你知道某個區域會頻繁出現某一隻熱門的寶可夢，例如皮卡丘，你就可以宣傳那個區域是皮卡丘之家，號召玩家前來捕捉皮卡丘，增加觀光地點的話題性。

皮卡丘雖然非常有名，但並不是最適合拿來當抓寶宣傳的寶可夢。原因是皮卡丘很好獲得，玩家有機會第一隻就抓到皮卡丘，孵 2 公里的蛋也有機會得到皮卡丘，並不是那麼稀奇。而且在 Pokémon GO 中，皮卡丘的戰鬥力不強，很少會有玩家想要培養皮卡丘，通常都是當作寵物，所以抓一隻就夠了。

如果你的地點有機會出現比較熱門的寶可夢，就以那一隻寶可夢作為主要宣傳焦點

看特別企劃 A.3 的「熱門寶可夢清單」。

行銷補給站

不談戰鬥力，小朋友最喜歡的寶可夢還是皮卡丘，如果你的目標客群是小朋友或親子團，可以用皮卡丘、小火龍、傑尼龜、妙蛙種子，這些小朋友喜歡的寶可夢作為賣點。

案 例

日本鳥取縣

日本鳥取縣的知事（縣長）為了推廣地方觀光，在「鳥取沙丘」設立「Pokémon GO 解放區」，公開鼓勵玩家到「鳥取沙丘」抓寶，強調一望無際的沙丘絕對安全，玩家邊玩手機也不會摔倒受傷。

「鳥取沙丘」的告示牌上面就寫著：

「鳥取沙丘」手機與遊戲自由解放宣言

廣闊的鳥取沙丘不但有美麗的景色，還有許多住在這裡的寶可夢們等著你們。不同於城市，在沙丘你可以盡情的享受遊戲的樂趣，請遵守幾個規則。

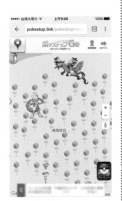

在這裡我們宣布「鳥取沙丘」為手機與遊戲自由解放區

➡ 圖片來源：pokestop. link 手機截圖

不同於很多戶外景點根本沒有補給站，「鳥取沙丘」中有 100 個以上的調查坑，在遊戲中都被標示為補給站，所以到處都可以補充道具和抓寶，再加上沙丘上沒有障礙物，玩家可以盡情的低頭四處走動！

全民瘋抓寶 @ 錢進寶可夢商機

我發現郊區比市區更容易出現寶可夢，山上的寶可夢都是成群出現的，彷彿寶可夢們在一起開派對。去郊區抓寶最大的困難點在於沒有足夠的補給站可以補充寶貝球，所以在宣傳的時候可以請大家先補充好寶貝球再來抓寶。

例如：寶可夢多到抓不完！？訓練師們請準備好 200 顆以上的寶貝球再過來抓寶，保證讓你抓到手軟！

4.4.7 扮演 Pokémon GO 的角色

在台灣有街頭藝術表演家把自己打扮成正在灑花的補給站，在日本的同人誌展也有很多人扮演補給站、皮卡丘、鯉魚王等角色。現在扮演寶可夢相關角色都會非常吸睛，有吸引人潮以及和讓人拍照上傳社群網站宣傳的效果。

☞ 請參考 6.5「從推動地方觀光學角色行銷」，裡面就有說明熊本熊是如何善用角色扮演和社群網站的力量達到宣傳的效果。

4.5 健康產業的商機

Pokémon GO 這款遊戲的主要玩法就是要
讓玩家在現實世界到處走到處玩，造成許
多玩家在城市漫遊的現象。尤其很多原本
不出門的宅男、宅女，竟然也願意為了抓
寶而走出家門。精靈寶可夢系列一直以來
的遊戲設計就著重到世界各地探險以及人
與人之間的相遇，再加上這款遊戲具有話
題性，玩家之間很容易產生共鳴，如果能
夠善用這些特質，一定可以為你的健康事
業加分。

➡ 圖片來源：手機遊
戲畫面截圖

在健康產業使用 Pokémon GO 行銷的客群會是那些原本懶
得出門走路或不運動的玩家，可以利用遊戲的趣味性來增
加他們出外活動的動力。

4.5.1 舉辦 Pokémon GO 減重比賽

如果你是販賣減重或健康產品的商家、健身房，或是健身
教練，可以舉辦寶可夢健走或是減重比賽，提供減重最多
的坃家高額獎金。

Pokémon GO 裡面可以記錄使用者總共跑了多少公里，可
以鼓勵你的客戶多出去散步、跑步，一邊運動一邊孵蛋、

抓寶，並且結合使用你的健康產品來規劃有效的減重計畫。

用遊戲吸引原本不喜歡運動或運動無法持久的客群，讓他們有動力可以持續，也使減重的氛圍可以因為抓寶孵蛋而變得比較有趣。

➡ 本頁圖片來源：手機遊戲畫面截圖

另外一款用遊戲記錄喝水量的 APP 也推薦給你，PlantNanny 植物保姆是一款台灣人發明的 APP，你在遊戲中可以養不同的植物，餵養植物的方法就是記錄你實際喝水的水量！每天要喝足夠的水量否則你的植物會枯萎，水喝得不夠 APP 就會提醒你。

使用 Pokémon GO 走路孵蛋，再用 PlantNanny 持續喝水，善用這些有趣好玩的工具來搭配你為客戶規劃的健身、減重計劃，也是不錯的方式喔！

PlantNanny APP 官網：http://fourdesire.com/

4.5.2 經營寶可夢減重群組

接續減重比賽的概念，你可以設立一個減重的群組，在裡面讓大家分享今天走了多少公里、孵出哪些寶可夢，或是在跑步中捕獲到哪些寶可夢。用這種方式把減肥的過程轉換成為一種遊戲，讓減重、健身變得更歡樂、更好玩，也可以增添許多話題。

4.5.3 舉辦孵蛋路跑

遊戲裡面的主角都是帶著帽子、穿著運動風的衣服、背著背包，主辦單位可以規定大家要穿著寶可夢訓練師裝扮，舉辦「就決定是你了！寶可夢訓練師之孵蛋路跑」。

對玩家來說，參加路跑不但可以孵蛋、有機會抓到新的寶可夢，還可以健身，真是一舉數得！在路跑的過程又因為玩寶可夢而有共同的話題，有機會認識新朋友。一邊跑步也可以一起抓寶！

4.5.4 成為寶可夢健康達人

如果你是健康產業相關的人，可以把自己塑造成健康達人，除了平常介紹健康養生概念和推薦健康產品之外，也可以撰寫如何善用 Pokémon GO 舒緩心情、提供帶寶可夢散步的好地點等相關的文章，建立你的專業形象也跟上寶可夢風潮。

Pokémon GO 也適合被推薦給壓力大、心情鬱悶的人來玩。有許多原本悶在家裡的人，因為遊戲而離開家裡，到外面的世界捕捉寶可夢轉換了心情，也開始願意與其他人互動。

4.6　職業遊戲玩家的商機

如果你對於 Pokémon GO 非常感興趣也有熱情，可以往遊戲專家的路線發展。

4.6.1 撰寫遊戲祕笈

把玩遊戲的心得以及各種訣竅祕技整理成一本祕笈。你可以參考網路上的寶可夢資訊和教學，但是記得不要抄襲別人的文章，而是在你自己吸收整理後，結合自己的經驗重新撰寫，以免觸及版權的問題。

你可以用部落格的形式免費分享讓更多人認識你，增加你的專業度，也可以製作成電子書放在電子書平台販賣。

👆 關於電子書的製作請參考 6.3.5「電子書與互動電子書（APP）」單元。

4.6.2 經營 Pokémon GO 的直播頻道

除了在部落格寫文章之外，也可以經營一個專門解說寶可夢遊戲的頻道，可以選擇要預先錄製再上傳影片或是直接

現場直播兩種方式。分享玩遊戲的畫面、打道館的過程，也可以做遊戲的教學，將自己玩 Pokémon GO 的祕訣分享給其他玩家。

遊戲才剛剛上市，這一陣子會有許多人尋找遊戲資訊，你在這段期間密集的上傳影片就有機會帶入大量的人流。

等到訂閱你頻道的人數夠多，同時間也建立了你的專業度，就可以開始用置入廣告或收取贊助、代言的方式獲利。只要訂閱者愈多，就會有愈多商業合作的機會。

👆 直播平台的介紹，請看 3.5「直播頻道介紹」單元。

4.6.3 舉辦 Pokémon GO 的遊戲教學講座

舉辦各種寶可夢講座，不但收學費還能夠培養粉絲群。你可以和道館附近在做 Pokémon GO 行銷的商店談合作，由他們提供場地和宣傳，利潤再一起分。這樣創造雙贏的合作模式可以讓你用最少的成本開始建立你的專業。

你可以舉辦這些課程：

★ 新手教學講座
讓完全初學的人學習如何玩 Pokémon GO，從下載遊戲、界面的介紹，以及遊戲的玩法開始說明。

★ 寶可夢培養和進化講座
在進階的課程你可以教學員去哪裡找到前十強的寶可

夢，如何有效率的分配星塵和糖果，也可以針對學員的
寶可夢建議重點培養哪些寶可夢。

★ 道館攻略實戰班

直接帶學員前往道館戰鬥，告訴學員哪一隻寶可夢最適
合守塔、哪一隻適合攻擊、什麼屬性可以對峙對方的寶
可夢，並且實際組隊戰鬥。

4.7　廣告行銷業者的商機

現在是使用 Pokémon GO 做行銷的大好時機，如果你是廣
告公司或設計公司，一定要盡快學習各種不同的行銷方法，
趕緊規劃一套 Pokémon GO 行銷服務的內容和價錢，最好
配合整套宣傳品設計方案，協助商家搭上寶可夢風潮！

想找客戶非常簡單，可以到補給站和道館附近的商店搜尋
潛在客戶。當你經過店門口發現沒有任何 Pokémon GO 相
關告示，你就知道這一家店會需要你的服務。

有些商家或許不清楚自己有機會搭上寶可夢熱潮，你可以
和商家解說這個商機，並且同時推廣行銷與設計的業務，
非常有效率。

除了個人商家之外，幫商店街、老街、夜市、觀光地點規
劃整套寶可夢促銷活動也是很好的選擇，你可以到夜市的

管委會提出你的方案。目前大部分的行銷手法是在放誘餌灑櫻花,但其實灑櫻花只是基本條件,規劃接下來的行銷活動、帶動消費才是成功的關鍵。

👆 請到特別企劃學習如何找寶可夢的地標,尋找補給站和道館。

4.7.1 幫商店操作寶可夢行銷

如果你喜歡做行銷,可以成為寶可夢行銷專家,到不同的商店針對它們的營運狀況,運用 Pokémon GO 主題來規劃行銷活動。並不是每一個商店都能善用 Pokémon GO 來做行銷,而你就是那一位可以協助他們的行銷高手!

4.7.2 幫商家經營社群網站

Pokémon GO 不但在真實世界火熱,在社群網站上也是非常熱門,只要和寶可夢相關的文章都很容易被分享。如果你熟悉社群的經營,可以協助商店使用 Pokémon GO 來經營社群網站。

4.7.3 為客戶提供整套 Pokémon GO 宣傳品設計

除了行銷方案,也要提供 Pokémon GO 相關宣傳品的設計服務,幫商家在社群網站或商店做宣傳。

👆 詳細的宣傳品規劃請閱讀 4.2「平面設計/插畫家的商機」單元。

4.7.4 舉辦寶可夢行銷的講座

許多商家想學習如何用寶可夢來行銷，你可以舉辦寶可夢行銷的講座或課程，分享你的經驗。如果商家聽完講座後不想自己操作，很可能就會委託你幫忙，除了收取學費之外，也是開發新客戶的好方法。

4.7.5 專門規劃與舉辦寶可夢的活動

如果你是專門辦活動的公關公司，可以在跟客戶提案的時候加入寶可夢的元素，大家都知道寶可夢很夯，再加上經常有相關報導，只要你企劃出好玩的活動，很容易吸引人潮並且分享活動資訊。你可以根據 Pokémon GO 的遊戲機制，設計虛實整合的活動，讓玩家的注意力不止在手機，也在現場的環境。

在 Pokémon GO 裡面有照相的功能，你可以請玩家打開 AR 相機，到好幾個指定攤位拍攝寶可夢出現在攤位背景的相片，甚至於指定相片動作，例如讓寶可夢出現在手掌上的照片，完成所有指定畫面的拍攝之後就贈送超值贈品。活動期間全程放誘餌灑花。

國外有許多活動本身就結合遊戲元素，讓玩家參加活動的時候就像在玩遊戲一樣有趣，甚至於有些活動需要有一群人在現場探索，另外一群人在線上找線索，讓參與活動的人一起來解謎。

4.8 房地產業的商機

如果你是聰明的房地產業者，應該嗅到了一股龐大的商機吧！想像一下，如果有餐飲業者想要找店面，是不是尋找有補給站或是道館的地點比較有利呢？對商店來說，Pokémon GO 的地標就像是捷運站一樣，會影響人潮的動向。不但如此，商家還可以很清楚知道經由遊戲過來的客戶會有哪些需求，可以針對他們的需求來規劃行銷活動，對實體商家來說是一個前所未有的機會！

4.8.1 房地產仲介

你要研究整個城市的 Pokémon GO 地圖，了解哪一些地方是補給站和道館，在幫客戶尋找物件的時候就可以多加一層考量，也可以把自己的定位和其他房地產業者做區隔。

不論客戶要租屋還是買賣、是商家還是住家，Pokémon GO 的地標都會影響周邊的環境。

Pokémon GO 對商家比較有用處，如果在住宅區有一堆人聚集打道館反而會帶來困擾，但是或許也有人想坐在家裡就可以抓寶可夢。你要清楚知道顧客的行為模式和基本寶可夢行銷的概念，當客戶在挑選店面或住家的時候，你可以幫他找到最適合的物件！

未來也可以發表相關的文章，或開課教學分析房地產業和 Pokémon GO 的關係，以及推薦適合開店的地點，把自己塑造成專家。

請到特別企劃 A.1「寶可夢分布圖」學習如何找寶可夢的地標。

4.8.2 房東

趕快確認自己的物件是否位於補給站或道館旁邊，尤其如果你要出租的是店面，對經營店面的商家會有很大的幫助，你可以在租屋的廣告上面強調這一點。因為不是每個經營者都知道寶可夢的商機，如果你有這方面的行銷概念，就可以在見面看屋的時候告訴租客補給站和道館的重要性，讓你的物件更有吸引力。

就算不是店面，住家位於補給站和道館旁邊也是不錯的宣傳點，尤其補給站會很吸引人。玩家只要坐在家裡就可以五分鐘補充一次道具和得到經驗值，還可以隨時擺放誘餌裝置捕捉寶可夢！

4.8.3 用寶可夢做物件的廣告

如果你有幾個店面正好在補給站附近，在你的宣傳單以及店門口就可以宣傳「寶可夢黃金店面，位於補給站，可以幫你吸引大量寶可夢玩家，創業再也不是夢想！」

如果能夠抓到熱門寶可夢，對商家來說更是有利！

這些是能成為 Pokémon GO 優質店面所需的條件：

★一定要位於道館或補給站附近。

★如果是補給站，最好地點本身就是補給站，不然也要離得近，讓商家能夠放誘餌裝置。

★經常出現熱門的寶可夢。

 **4.9** 餐飲業者的商機

Pokémon GO 上市之後，每一個實體商家都受惠，其中獲益最大的就是餐飲業者。

餐飲業者的優勢在於客戶的重複來店率比其他行業來得高。一個人不可能天天去剪頭髮，也不會天天去同一家商店買東西，但是很有可能每天都會出去吃飯、喝咖啡或找地方喝茶聊天。一般人的生活圈都很固定，除了偶爾出去玩或是去吃大餐，平常會光顧的餐廳、咖啡廳、麵包店、飲料店大概都是那幾家。

玩家出門抓寶的時候會想待在有冷氣、有廁所、免費WiFi、可以充電又有補給站的地方。如果是美髮店或零售商家，玩家剪完頭髮或買完東西之後一直坐在你店裡面抓寶，你可能會想對玩家翻白眼！

餐廳可以限制用餐時間，就算你不限制時間，客戶坐著抓寶的時候會重複消費的機會也比其他商家高。

如果你店裡的東西好吃，再附加幾個 Pokémon GO 玩家需要的服務，不但可以帶入人潮還可以多一個收入來源！

關於餐飲業者的行銷方式可以閱讀 Ch.2「實體商店的商機」。

案例

Bremerton Bar and Grill

根據美國網路媒體《Mic.com》的報導，位於美國華盛頓州布雷默頓市的一家餐廳—— Bremerton Bar and Grill 位於補給站旁邊，經理在受訪的時候表示因為許多 Pokémon GO 的玩家進來消費，整個餐廳的業績在週末增加了 25％～ 50％。

在美國有非常多餐廳和咖啡店因為遊戲而受惠，因此紛紛推出吸引玩家的促銷方案。

4.10　教育業者的商機

4.10.1 寶可夢英文班

不論動畫、遊戲、卡牌、漫畫，寶可夢有完整的英文版本，加上很多圖文並茂的畫面，以寶可夢為主題開設英文課會非常有趣。在課堂上可以播放英文版的動畫給小朋友看，並且教他們動畫裡面的詞句。

如果你看過寶可夢的卡牌，卡牌上有寶可夢的類別、狀態、描述絕招的句子，你會發現裡面有很多形容詞和名詞，都是學英文的好材料。

只要用英文版的寶可夢卡牌，相信大家在玩游戲的過程就會學習到很多單字，你也可以要求出絕招的時候要把絕招的名字和英文的描述唸出來，增加學習的效果。

4.10.2 寶可夢美術班

寶可夢系列中有非常多隻寶可夢，素材非常豐富。如果你能夠帶著小朋友繪製寶可夢，相信會吸引很多人來學習。如果家長問小朋友想不想學習畫寶可夢，相信很多小朋友會很有興趣！

4.10.3 **寶可夢的學習運用**

在數學方面，寶可夢遊戲中有強化與進化系統，可以教小朋友基本的加減法，讓小朋友自己計算要再收集多少星塵還有糖果才能培養最強的寶可夢。

在生物方面，寶可夢是由許多動物和植物演變而來，可以用寶可夢教育小朋友世界上有哪些不同的動物和植物。

美術方面除了教小朋友畫寶可夢之外，很多地方性的壁畫、公共藝術都被標示成為補給站或道館，可以帶小朋友實際走訪這些地點，藉由遊戲認識城市中的藝術品。

★如果你在經營英文或才藝班，善用現在小朋友們對寶可夢的高度興趣，設計寓教於樂的寶可夢相關課程，吸引更多學生來上課。

★如果你是家長，可以用寶可夢的話題和小朋友建立連結，在過程中可以讓他們藉由寶可夢學習更多的知識，把教育融入生活中。

4.11 業務／銷售人員的運用

因為業務與銷售人員分布在各行各業，在這裡特別討論可以如何運用寶可夢來加強與客戶之間的關係。

如果你是業務或銷售人員，跟客戶建立關係是非常重要的課題。

寶可夢是一個很好跟人建立連結的遊戲，尤其遇到其他玩家的時候會產生親近感。現在寶可夢是個熱門的話題，就算客戶本身沒有玩遊戲，應該也聽過這個遊戲，而且很大的機會他的家人、孩子、朋友都在抓寶。

你只要開啟這個話題就有機會跟客戶聊起來，有些客戶可能好奇卻不會玩，你也可以教他玩遊戲，讓他和玩遊戲的家人有共同的話題。

如果運氣好對方也是玩家，你們之間的信任感和親近感就會提升。

當遊戲開放交換寶可夢功能的時候，你還可以跟客戶交換他們想要的寶可夢，讓你跟客戶更加親近。

讓玩家認得你！

剛剛提到玩家與玩家之間會產生親近感，建議你在身上戴上代表你是玩家的物品，跟其他業務比較之下很可能會就會選擇你。

等 Pokémon GO Plus 上市後建議你可以買一個手環戴在手上，明眼人一看就會知道你是玩家。除了手環之外，手機殼、手機吊飾也是不錯的選擇，只要玩家能看出你也玩 Pokémon GO 就可以了。

在商品的選擇上建議你挑選「陣營」相關的設計，會比皮卡丘的手機殼更能夠代表你是 Pokémon GO 的玩家。

這款遊戲的玩家眾多、分布也很廣，有非常多的機會可以跟其他玩家建立連結！

Ch5

Pokémon GO
未來行銷趨勢

相信你已經看到Pokémon GO可以為你帶來哪些商機，遊戲還有許多官方尚未加入的功能，日後都會影響玩家的行為模式以及你的行銷策略。我們會針對這些還未開放的功能來討論最佳行銷策略，當功能開放的時候就可以奪得先機！

新功能的行銷策略

5.1.1 Pokémon GO Plus 手環上市

任天堂為 Pokémon GO 設計了一款藍牙手環「Pokémon GO Plus」，玩家藉由藍牙技術連接手機，當附近有補給站或寶可夢出現，手環會用 LED 提示燈或震動的方式發出提醒，讓玩家不用一直低頭看手機。

最重要的是，只要按下中心按鈕就能收服寶可夢，完全命中玩家的核心需求。

Pokémon GO Plus 定價為 34.99 美元（換算台幣約 1,100 元），首波預售已經搶購一空，現在網路上叫價非常驚人，eBay 網拍平台已經有 10 倍的價格出現！

相信手環上市之後又是另外一股熱潮的開始，而且這個手環一定會變成超級熱門的商品，以台幣 1,100 元的禮物來說，這個手環對玩家實在太有吸引力了，絕對是很有魅力的贈品！

販賣 Pokémon GO Plus 手環

如果你有門路可以買到正版的 Pokémon GO Plus，現在有非常大的市場需求，就算價錢高一些，不想等官方慢慢補貨的玩家還是會願意購買。

設計與販賣 Pokémon GO Plus 錶帶

老實說目前的錶帶設計比較適合小孩或年輕人，基於玩遊戲的客群年齡層的廣泛度，就像 Apple Watch 也有不同等級的錶帶一樣，有質感的錶帶也會有市場。

5.1.2 玩家交換寶可夢

交換功能開放後，你有機會把你的寶可夢交換給其他玩家！如果你身上有熱門和稀有的寶可夢可以交換，就會成為吸引玩家的誘餌之一。就算不是熱門寶可夢，很多玩家為了升級某一隻寶可夢，必須收集好多隻同一種類的寶可夢，你可以和玩家交換他需要的寶可夢。

開發商還未發布詳細的交換規則，但是依照遊戲設計的方向，肯定是要人跟人實際見面的時候才能交換寶可夢，到時候玩家除了獨自抓寶之外，也會想要和身邊的親朋好友們交換寶可夢，絕對會引發另外一波遊戲熱潮跟商機！

提供玩家方便交換寶可夢的服務

在店裡設置公告欄，讓玩家方便寫上想要的寶可夢以及桌號，有興趣交換的玩家們可以互相交流。記得玩家要結帳離開的時候提醒他擦掉自己的訊息，避免布告欄上面有錯誤資訊。

如果你可以把整個制度設計得更好，就可以變成玩家心目中的寶可夢交換中心，很快就可以提升能見度以及來客量。

把寶可夢變成贈品

稀有或熱門的寶可夢可遇不可求，你不一定有機會抓得到，但是你可以去捕獲一些玩家會想要培養的寶可夢，例如伊布、鯉魚王、卡蒂狗、傑尼龜、妙蛙種子。你可以找一天放假的時候去這些寶可夢會出現的地點，一邊觀光一邊抓寶，日後就可以當成吸引人的贈品。記得你並沒有要升級所以千萬不要把這些寶可夢傳送給博士換糖果，你要保留這些寶可夢才能交換給其他玩家。

例如：「來店消費滿多少錢就送伊布一隻！」

經營交換寶可夢社團／網站

現在很流行換物社團，未來也會需要有專門交換寶可夢的社團，而且人數會很龐大。如果你想認真經營交換寶可夢的社團，現在就可以開始籌備。記得一定要有清楚的社團守則，可以參考目前正在經營的換物社團。

你可以先以經營人流為主，等社團的使用人數夠多的時候，其他的機會自然會出現。

寶可夢仲介

未來隨著遊戲中的寶可夢愈來愈多，玩家想要換寶可夢的需求也愈大，這個時候或許會出現寶可夢仲介服務，直接幫你找到交換的對象。如果是熱門或稀有的寶可夢，或是出現傳說的寶可夢時，會有這種服務需求一點都不誇張！因為開發商還沒有清楚說明交換規則，不確定是否可以完

全自由的交換任何寶可夢，目前只是一個參考用的趨勢預測，一切都要以最後的交換規則為主。

全職寶可夢訓練師

除了仲介服務，等交換功能開放後，一定會有人開始販賣自己的高等寶可夢，讓玩家可以直接花錢購買。現在雖然有代練、代抓的服務，但是要把自己的 Google 帳號給陌生人確實很不放心，直接見面交換就不用擔心被盜帳號的問題。相信到時候就會出現全新的職業——真正靠抓寶可夢、賣寶可夢來賺錢的寶可夢訓練師！

在這裡要強調一下，遊戲的主軸是互相交換與交流的樂趣，而不是把寶可夢變成商品來販售，到時候也要注意官方的交換規則避免違規。等官方消息確認之後，我也會持續在我的網站跟 Line@ 群組與大家分享最新的資訊跟行銷建議。

最重要的一點，和其他玩家見面交換寶可夢的時候要注意安全，建議約在人潮多的市區，而不要約在偏僻無人的地方，以確保自身安全。

5.1.3 玩家個人對戰

現在玩家訓練寶可夢只能打道館，但是通常有能力占領道館的都是重度玩家，休閒玩家根本很難打贏他們，導致很多休閒玩家會覺得抓寶後沒有下一個目標，容易對遊戲產

生倦怠。開發商將會加入個人對戰模式，讓休閒玩家也可以很輕鬆、沒壓力的與身邊朋友對戰。

等個人對戰功能開放後又是一波新趨勢，三五好友見面不只一起抓寶還可以對戰；為了在戰鬥中得到勝利，就會開始研究如何強化與進化寶可夢；為了強化與進化寶可夢就需要抓更多寶可夢，大大提升遊戲的黏著度。

遊戲剛開放的時候，所有可以增加玩家黏著度的功能都還沒有出現，只靠著話題和玩家嘗鮮的心態就造成如此的風潮。

依照開發商的更新順序會先開放交換功能，接下來才開放對戰功能。我預估在玩家個人對戰模式開放後，會有一股不輸給剛上市的熱潮產生，並且會持續一段時間。等遊戲功能齊全之後，接下來開發商會一波一波的加入新的寶可夢、新的道具，甚至於新的地標，延續遊戲的生命週期。

那麼你要如何活用對戰的功能呢？

在店裡面舉辦玩家對戰活動！

因為要展開對戰一定需要 2 個人以上，所以可以推出「來店對戰 PK，飲料買三送一」這種刺激消費的活動，讓玩家覺得開心，而你自己也划算。活動可大可小，除了平常玩家自己來店對戰，你可以偶爾舉辦大型的對戰活動，鼓勵玩家組團參加比賽。

你可以用「每人限定最低消費」或「收費入場抵消費」的方式刺激消費，直播比賽現場為自己的商店做宣傳。不但可以吸引顧客上門消費，也是非常好的宣傳題材。記得要提供適合的服務，找會主持的人來炒熱氣氛，飲料餐點也要兼顧品質，只要把活動辦得好玩，會成為很大的賣點。

活動最好的贈品就是「Pokémon GO Plus」手環，這對玩家來說是非常夢幻的抓寶道具，台幣約一千多元，以這個價錢可以對玩家產生的吸引力來說，絕對划算！

👆 直播平台請看 3.5「直播頻道介紹」單元。

邀請玩家與你對戰，贏了就打折／送贈品

在店門口放告示牌，例如「超強噴火龍等你來挑戰，挑戰成功憑截圖發布粉絲團享 7 折優惠」，記得你的活動都要跟店裡面的消費有連結，才不會造成很多人來找你挑戰但是都不消費的情況。當然你的寶可夢也要夠強，不要每次都輸給玩家一直給折扣。

好處是玩家無論輸贏都有可能把你這個活動分享出去，尤其你的寶可夢如果真的超強，搞不好還會有玩家招兵買馬來找你挑戰，相信這個消息很快就會散播出去。

還沒有開放對戰功能之前你可以先舉辦「挑戰最高 CP 值寶可夢」的活動，玩家出示遊戲中最強的寶可夢，和你最強的寶可夢比較 CP 值，CP 值比較高的人獲勝。

Pokémon

培養一個超強的寶可夢，舉辦武鬥會

當對戰功能開放後，會有非常多玩家四處對戰，你可以趁現在趕快重點培養一隻寶可夢，成為日後供人挑戰的大魔王。如果你是大企業或公司，等交換功能開放後，請有玩遊戲的員工們把同一隻寶可夢全部交換給某個員工，由這個人負責進化與強化，培養出超級厲害的企業寶可夢，並幫寶可夢取跟企業相關的名字。

確保你的寶可夢很強之後，可以對玩家發出挑戰書邀請大家來踢館，打敗企業寶可夢就可以得到獎項。你也可以設定一關一關的挑戰，例如在不同地點有四大天王，要求玩家從第一關開始挑戰直到最後的魔王關，每過一關就得到一個勛章，打敗四大天王就可以獲得大獎。當然，你給玩家的挑戰愈難，獎品就要愈吸引人！

5.1.4 加入更多寶可夢

Pokémon GO 會陸續增加寶可夢，讓玩家可以一直捕捉新的寶可夢。大家都想收集全部的寶可夢，對商家的好處當然就是遊戲會持續的延燒。新的寶可夢上市那幾天一定是捕捉寶可夢的熱潮，配套的活動都要事先規劃好。

當官方加入新寶可夢的時候也可能會加入新的道具，你可以有更多寶可夢和更多道具可以拿來運用，記得一定要密切關注最新的動態，你才能在遊戲更新之前規劃好你的行銷活動。

 你可以掃描 QR 條碼訂閱我的 Line@ 群組，我會隨時注意相關消息，提供最新的資訊。

5.1.5 夥伴系統

官方已經證實會在遊戲中加入夥伴系統，玩家可以選擇一隻寶可夢作為夥伴一起冒險闖蕩，冒險過程中可以得到這隻寶可夢的糖果。特別適合讓玩家培養像卡比獸、快龍、拉普拉斯這種不容易培養的寶可夢。

這個設定非常符合原本動畫中小智帶著皮卡丘去闖天下的情境，相信對多數的訓練師來說是一個令人興奮的消息。目前官方還未說明夥伴系統的細節，預估培養夥伴的方法之一有可能是用里程數來計算，如此一來會有更多玩家除了孵蛋以外也為了要培養自己的夥伴寶可夢而出門走動。在新功能上線的時候預估會有另外一波寶可夢熱潮出現，請留意新功能更新的時間以做好行銷活動的準備。

在舉辦活動的時候可以加入夥伴的元素，例如跟店長擁有相同夥伴寶可夢的人可以得到優惠，或者辦聯誼活動的時候可以讓夥伴寶可夢相同的人成為一組，甚至於舉辦皮卡丘 VIP 餐會，只有夥伴寶可夢是皮卡丘的訓練師才能參加。

現在除了陣營之外又多了一個可以讓玩家分類的遊戲機制，可以善用這個元素來設計行銷活動。

5.1.6 玩家一起打傳說中的寶可夢？

➥ 圖片來源：截圖自 Pokémon GO 官方宣傳影片

在 Pokémon GO 官方宣傳影片的最後一幕，一群玩家在紐約街頭追捕傳說中的寶可夢——超夢（Mewtwo），所有玩家一起攻擊超夢試圖捕捉它，非常熱血。這就是把一般角色扮演遊戲中打副本的概念帶到現實生活中，讓玩家一起打怪做任務。未來有可能遊戲會告知玩家傳說寶可夢的出現地點以及時間，玩家們集合在特定地點後需要在限定的時間之內打敗它，而所有參戰的玩家都可以拿到獎勵。

開發商到目前為止並沒有對這個功能多做詳細說明，但我相信未來會開啟這個打副本的功能，詳細的玩法到時候才能確定。遊戲會不會通知玩家時間和地點對行銷活動的設計很重要，如果寶可夢是隨機出現的話就很難事先準備。

你可以想像一下當傳說寶可夢出現的時候玩家們會多麼瘋狂！只要傳說中的寶可夢一出現，不用懷疑絕對會是人山人海，堪比跨年晚會。

5.1.7 周邊商品的合作

蘋果公司在 2016 年的產品發布會上面公布與 Pokémon GO 合作，玩家可以在 Apple Watch 上孵蛋、使用補給站，並且看見附近有哪些寶可夢出現。除此之外也添加了步行功能，計算使用者的行走距離、時間、消耗的卡洛里。

相信未來除了蘋果公司，還有其他的公司會陸續開發 Pokémon GO 相關的周邊商品，讓遊戲持續進化。

5.1.8 未來發展的個人預測

以下資訊官方並沒有公布，只是基於個人的預測。

付費添加補給站和道館？

開發商之前開放讓玩家免費申請添加補給站和道館地點，但是不保證一定會通過，後來停止了這個選項。未來是否有可能以付費的方式添加，因為有付費所以一定會成功加入？

商家合作限定寶可夢？

有鑒於開發商與日本麥當勞的企業合作，相信 Niantic 未來也會像 Line 一樣有企業合作的業務。除了把企業相關所在地變成補給站或道館之外，會不會有企業限定的寶可夢呢？例如某一隻寶可夢只能在麥當勞捕捉，或是更絕妙一點就是直接捕捉麥當勞叔叔？

增加新道具和地標？

隨著遊戲功能陸續增加，極有可能會加入新的道具以及補給站和道館以外的地標，非常值得關注遊戲未來的動向！只要有新的地標和新的道具出來，都有可能衍生出新的行銷模式。

加入附近玩家聊天系統？

依照寶可夢的遊戲屬性應該不會有線上通訊的功能，但是如果玩家距離夠近，或許可以有跟附近玩家聊天的系統，和不同的玩家邀約對戰與交換寶可夢。如果加上這個系統，Pokémon GO 就更接近成為一個實體見面的社群平台。

配合 VR 眼鏡玩寶可夢？

看過宣傳影片的人應該不難猜測在開發商心中最理想的遊戲狀態是可以使用混合實境（MR）的技術，真的在現實生活中捕捉寶可夢。只有 AR 的技術就如此瘋狂，再結合 MR 的技術會更具有話題性！

不過 MR 的技術還不成熟，加上還需要玩家購買專用眼鏡，對經營者來說目前只要有手機就可以玩的 AR 技術會更有商機。

 行銷補給站

多看多學習——在網路時代，行銷方法日新月異。
每次臉書一改版就有可能需要調整行銷策略。
Pokémon GO 也是一樣，依照不同的改版內容，就
有可能出現新的知識和策略。

遊戲的最新動態都會在網站和社群中持續跟大家分享。
http://niniart.com/pokemongoblog/

 **5.2** 未來科技與遊戲化趨勢

Pokémon GO 是一款擴增實境遊戲，未來有更多新科技將
走進我們的生活，整個人類的生活型態和商業型態都會跟
著轉變。

在我們探討未來趨勢的演變之前，有幾個名詞你必須要先
了解：

擴增實境（Augmented Reality，簡稱 AR）、虛擬實境
（Virtual Reality，簡稱 VR）和混合實境（Mixed Reality，
簡稱 MR）都是未來的趨勢，隨著物聯網的時代來臨，未
來的商業模式會和科技密不可分，愈來愈多的遊戲和服務

都會開始使用 AR、VR 與 MR 的技術，了解這些科技可以提早洞察先機，走在趨勢的前端。

★擴增實境（Augmented Reality，簡稱 AR）

就像 Pokémon GO 一樣，透過輔助裝置，把虛擬世界套用在現實世界，並進行互動。

★虛擬實境（Virtual Reality，簡稱 VR）

使用 VR 眼鏡，在電腦中創造出一個虛擬空間，讓你身歷其境並且可以用控制器在這個虛擬空間移動與互動。你可以戴上 VR 眼鏡直接到店家的虛擬商店挑選衣服，甚至試穿在你的虛擬人物上，模擬你穿這件衣服的樣子。試穿喜歡就可以直接購買。

★混合實境（Mixed Reality，簡稱 MR）

一樣佩戴眼鏡裝置，不同於 VR 把人帶入一個虛擬環境，MR 是把虛擬的空間帶入現實的環境。假設我們來到一個只有牆壁的空倉庫，沒有帶上眼鏡之前就是一個空倉庫，當我們帶上眼鏡之後，從眼鏡看過去這個倉庫就變成一個漂亮的畫廊，你還可以真的拿起畫來欣賞，也可以把倉庫換成家裡的客廳。因為有 AR 和現實結合的特色，也有 VR 產生虛擬空間的功能，所以這個技術被稱為混合實境（MR）。

★物聯網（Internet of Things，縮寫 IoT）

對於物聯網最簡單的理解方式，就是以後我們的日常生活中所有的物品，不論是冰箱、洗衣機、冷氣、垃圾桶都會連上網路；冰箱會計算目前還剩下多少食物，不夠了會自動幫你購買，所有的物件可以上網讓你遠端遙控，也會傳送你的使用數據到雲端整合大數據，分析最好的資源分配，為人類帶來更方便的生活。物聯網將現實世界數位化，遊戲化的需求因此而產生。

遊戲化（Gamification）

在萬事萬物都連結、數據化的物聯網時代，「遊戲化」（Gamification）將是未來的新趨勢。我近年來研究國外各種領域的遊戲化方式，Pokémon GO 是目前最為人知的遊戲化成功案例。

「遊戲化」就是把遊戲的設計元素和原則，帶入非遊戲的情境中作結合，增加趣味性與吸引力。

以 Pokémon GO 為例，它讓原本普通的人類世界，變成到處住著寶可夢的世界，玩家們從一個普通的人類，轉換成為寶可夢訓練師；不但如此，藉由 AR 的技術把現實生活中的地標加上遊戲機制，把整個世界變成一個大型遊戲場。

➥ 圖片來源：截圖自 Pokémon GO 官方宣傳影片

目前 MR 的技術還不夠成熟，未來玩遊戲的時候如果可以加上 VR 眼鏡，相信整個遊戲化的體驗會有截然不同的感受，現在只能看著 Pokémon GO 官方宣傳影片試著想像。

掃描 QR 條碼觀看 Pokémon GO 官方宣傳影片

歐美國家已經開始在各個領域帶入「遊戲化」機制，等物聯網以及 AR、VR、MR 的技術成熟後，遊戲化會變成未來的趨勢，愈來愈多像 Pokémon GO 的遊戲和服務出現，未來的世界將變得更方便、好玩。

這裡我分享一項有趣遊戲化的案例，那就是 ClassCraft。我自己是魔獸世界的玩家，幾年前看到這個平台的時候真的很佩服平台的創辦人，也希望更多老師可以利用這套系統把課堂變得有趣。

ClassCraft 是一個免費的教育系統平台，只要申請帳號就可以開始使用。它把「魔獸世界」、「英雄聯盟」這種線上 MMORPG 遊戲的概念帶入教室當中，讓學生選擇成為戰士、魔法師、牧師等不同職業，每個職業都有好幾個特殊技能；例如魔法師有一個「時間回朔」的技能，發動後可以多出 8 分鐘的考試時間，戰士有一個「獵捕」的技能，發動後可以在教室吃東西。

學生們想使用特殊技能需要累積經驗值，等級愈高可以使用的技能愈多。除了職業技能之外，這個系統也把課堂上的各種行為轉換成為任務系統；例如上課發問＋50 經驗值，協助同學完成作業＋75 經驗值，老師可自行在系統中設定行為與獎勵，自己依照課程需求來設計不同的任務。如果班上的學生愛遲到，你可以設定準時進教室＋200 經驗值，用很高的經驗值吸引學生們準時到場。

➥ 圖片來源：截圖自 http://classcraft.com

除此之外還有許多可以協助你把教室變成遊戲的系統，例如隨機抽選學生、成績計算、榮譽系統、金幣獎勵讓學生買遊戲裝備等。在這裡我就不深入介紹，有興趣的朋友可以到平台的網站看更多訊息。

其實遊戲化的元素早就在我們的生活中，在超商收集點數換獎品、到不同的景點蓋印章、在論壇發文就可以升等拿到徽章，許多遊戲中採用的機制早就運用在生活上。了解「遊戲化」的方法能為你在設計行銷活動提供很大的幫助。

國外已經把「遊戲化」的概念運用在商業、教育、政府、娛樂、健康、環保、非營利的領域，如果你對遊戲化的主題有興趣，將來在講座中有機會再跟大家分享更多案例。

 你可以掃描 QR 條碼訂閱我的 Line@ 群組，我會隨時注意相關消息，提供最新的資訊。

無論你辦任何行銷活動都會需要給消費者獎勵來吸引他們，接下來我會講解如何用「遊戲化」設計中的獎勵系統，企劃吸引人的行銷活動。

 **5.3 把行銷活動遊戲化 ── 設計吸引人的獎勵！**

我在書裡面不斷強調一個重點，使用誘餌裝置灑花只能把人流吸引過來，後續客戶會不會消費和你的行銷活動有關。

那麼要如何企劃吸引人的行銷活動呢？

大家都知道遊戲非常吸引人，不管是在開心農場種菜、玩糖果傳奇（Candy Crush）、神魔之塔轉珠，都會讓玩家廢寢忘食、停不下來。這些現象不是自然產生的，而是遊戲設計師刻意安排的結果；從一個遊戲的遊戲機制和關卡難易度的設計就可以知道會不會讓玩家欲罷不能。

遊戲化設計是一門很大的學問，除了獎勵系統還有經驗值系統、榮譽系統、道具系統、排行榜、計分系統等各式各樣的設計元素。

在這個單元我們要學習遊戲化設計中的「獎勵系統」，協助你在企劃行銷活動的時候可以設計出非常吸引人的獎勵。在學習如何設計獎勵系統之前，我們要先了解馬斯洛的「需求層次理論」（Maslow's hierarchy of needs）。

亞伯拉罕‧馬斯洛於 1943 年《心理學評論》的論文〈人類動機的理論〉（A Theory of Human Motivation）中提出這個需求層次的理論，把人類的需求分成五個階段。

如果你設計的獎勵可以滿足高層次的需求，對消費者的吸引力更強，而且得到後的滿足感愈大。

「獎勵系統」稱為 SAPS，是美國遊戲化設計中經常用到的手法，你要先熟悉整個獎勵系統的設計，才有辦法設計出最適合你需求的獎勵。

5.3.1 身分地位（Status）

身分地位的獎勵可以滿足高層次的人類需求，通常會在自我實現和尊重之間。

設計這種獎勵的重點是讓使用者產生尊榮感，覺得自己非常特別。你可以讓使用者去做某些事情，完成後就給他身分證明的認證，讓使用者覺得自己在現實生活中感覺比其他人厲害。

「身分地位」的獎勵模式經常被用在教育市場中；教育市場中的認證系統，其實就是遊戲中的榮譽系統。讀完大學的人可以拿到「學士」這個稱號、完成博士學位的人可以拿到「博士」這個稱號、考過專案管理認證測驗的人可以得到「專案管理師」稱號。

得到稱號的人會覺得自己很光榮，除了在履歷表、自己的社群發表之外，去應徵工作的時候也會秀出認證勛章和畢業證書，證明自己真的擁有這項身分。這就是「身分地位」獎勵的精髓所在，讓得到的人覺得非常光榮。

給予地位的方式可以用徽章、排行榜、獨特的服務，還有其他各種可能性，因為是無形的贈品所以沒有限制方法，只要讓得到獎勵的人覺得很榮耀就可以。

當 Pokémon GO 的個人對戰功能開放後，如果能夠加上榮譽系統，讓戰鬥勝利數量達到一定條件的玩家有特殊造型的勳章，以及與眾不同的稱號可以在社群分享，就會吸引玩家到處找人玩遊戲對戰。

例如：

★個人對戰贏 50 場的玩家可以得到「高級寶可夢訓練師」稱號與勳章。

★個人對戰贏 200 場的玩家可以得到「寶可夢大師」稱號與勳章。

★個人對戰贏 500 場的玩家可以得到「傳說中的寶可夢戰神」稱號與勳章。

★連續贏 50 場的玩家可以得到「無敵戰士」稱號與勳章。

勳章的重要性在於可以展示給其他人看，內行的人看到勳章就知道你現在是哪一種地位、哪一種稱號的人，滿足玩家想受到別人尊重與敬仰的需求。這個玩家很可能就會把這個勳章的圖案設定成自己臉書或 Line 的個人頭像，和朋友們宣告自己是「傳說中的寶可夢戰神」。

如何設計「身分地位」獎勵

以商業行銷上的運用來說，要有計畫性地設計身分地位，

應該不會有人想在店裡面吃完 50 碗肉燥飯後得到一個「愛吃肉燥王」的稱號。

身分地位不是自己隨便設計就好，你設計出來的身分地位要讓消費者想要擁有才有用，所以要先幫消費者營造一個身分地位的需求。

假設你是一間賣麻辣火鍋的店，你可以在店裡推出一碗號稱全台灣最辣的「超級魔鬼地獄麻辣鍋」，告訴消費者許多自以為能吃辣的人只喝幾口湯就含淚戰敗，邀請愛吃辣的人來挑戰，如果能夠把這鍋魔鬼麻辣鍋在 20 分鐘之內喝到一滴不剩就算勝利，不但不用付錢，還會給予消費者「魔鬼麻辣王」的稱號，在店裡面以及網路上也會放上挑戰成功者的名字，讓大家朝聖。

這個時候文案就非常重要，你在文案中就要讓消費者進入你設定的故事情境。以麻辣鍋為例，故事情節就是有一碗號稱全台灣最辣、很多人挑戰失敗的麻辣鍋，如果你能夠挑戰成功，就會被萬人膜拜，也會得到超級會吃辣的人才有的稱號。讓消費者在閱讀文案的時候馬上融入你設定的情節當中，因為很多人都失敗了，如果自己能夠挑戰成功會非常光榮，刺激他的「尊重需求」。

隨著客人來挑戰，你可以邀請客人把挑戰的結果發布到社群，讓這個挑戰陸續發酵。你可以製作一塊「魔鬼麻辣王」的匾額，讓挑戰成功的人和它照相並且上傳社群，認證自

己是 ·個超級會吃辣的人。所有歷代的贏家你都要記錄在
店裡的網站或社群，讓大家知道哪些人曾經挑戰成功，給
予最大的光榮感。

你也可以用考試的形式，假設你在經營一家咖啡店，可以
設計 50 個關於咖啡的問題，如果能夠正確回答 35 題以上
就會給予消費者「品味高尚的咖啡人」稱號，通過考試的
人在店裡消費，店員在幫你上飲料的時候就會在你桌上放
一個小物件，讓大家知道你是一個「品味高尚的咖啡人」。

知道如何給予「身分地位」獎勵後，請思考在你的生意上
哪些地方可以讓消費者有這種尊榮感？消費者做了什麼事
情會想跟親朋好友分享、炫耀？

練習

請列出你的生意中可以設計哪些「身分地位」獎勵。

5.3.2 通關（Access）

「通關」獎勵的設計重點是──別人沒有、只有我才能得到。

很多精品都是走這種獎勵機制，給予會員 VIP 的服務和優
惠，大家可能會認為這是高價的商品才能做的獎勵方法，
事實上並不是如此。這種給予尊榮感的獎勵反而不用花錢，
就看你如何操作。

舉例來說，很多電影院都有推出會員制度，若是會員就可以到會員專用的窗口買票，完全不用排隊。尤其是當週末電影院排隊的人潮眾多的時候，會員就可以直接走向專用櫃檯買票，回頭看見一長串排隊人潮的時候就會湧現一股無與倫比的尊榮感，滿足人類渴望「被尊重」的需求。

Gilt Groupe 是美國著名的精品折扣網站，系統會在每天中午寄 email 告訴你今天有哪些名牌特價商品，有些商品有可能用 3 折就可以買到，有些特價商品甚至只要 1 折就可以入手，動作太慢就會被秒殺，所以許多人會守候在電腦前面等著中午這封信。

如果你是 Gilt Groupe 的超級尊榮級會員，他們並不會給你折價券或集點這種金錢上的優惠，而是會在上午 11：45 就把優惠信件寄給你，讓你可以比一般人早 15 分鐘開始選擇優惠商品，不用擔心一下子就被秒殺。

你不用花錢給折扣，只要思考在你的生意中怎麼做會讓你的客戶覺得很方便，然後再告訴客戶達到什麼條件就可以成為 VIP。

給 VIP 的好處案例：
★一般人需要排隊，VIP 不用排隊。
★一般人買不到，VIP 才能買。

★ 一般人寄郵寄，VIP 寄宅配。

★ 一般人不能訂位，VIP 才能訂位。

★ 如果你是 VIP，來店就送一杯飲料。

★ 限量商品，VIP 可以先訂購。

想成為 Gilt Groupe 的頂級會員條件必須是個超級大買家；想成為你的 VIP，客戶需要具備什麼條件？

在遊戲中最常使用的通關獎勵就是主角等級提高之後才可以買裝備，以 Pokémon GO 為例，主角等級滿 12 級才能拿到高級寶貝球、滿 20 級才能拿到超級寶貝球。

以遊戲《勇者鬥惡龍》為例，許多武器、防具、魔法會在主角達到一定等級的時候才會開放購買，主角只是獲得購買的「資格」，還是要自己存錢才能買裝備。買了裝備後主角就會變強，可以打更厲害的怪物得到更多金幣，然後就會開放更多裝備可以購買。

「通關」獎勵也是同樣的概念，使用者會得到做某一件事的權利，而這份權利會非常方便也很吸引人，同時可以滿足人們想要「被尊重」的需求。

 練習

請列出你的生意中可以設計哪些「通關」獎勵。

5.3.3 授權（Power）

「授權」是給予人控制其他人的權利，例如遊戲中公會的會長、論壇的版主、臉書社團的管理人都是擁有權利並且可以授權的職位。臉書社團的管理人可以授權給另外一個人來當管理員，給予這個人權利來決定團員的去留以及留言的管理。

授權的獎勵就是給予人特殊的權利，讓他做決定。

以 Pokémon GO 的個人戰鬥為例，假設你在店裡面辦活動讓玩家對戰，一開始可能需要你自己或店員來主持戰鬥與決定戰鬥順序，之後你可以從玩家中選出適合的玩家，授權他成為店裡面的寶可夢戰鬥評審，讓他來主持與安排戰鬥順序。

這位寶可夢戰鬥評審在過程中就可以體驗權利的滋味，或許也有機會發揮自己的才能，把比賽主持得很精彩，滿足人類需求中「被尊重」以及「自我實現」的需求。

如果他覺得過程很好玩也很有成就感，下次很可能會願意繼續在你的店裡主持對戰活動，甚至幫你號召玩家來對戰。

以實體課程為例，助教就是被老師授權的人，雖然需要幫老師做事情，但是助教可以享受比一般學生更多的權利和尊重。

「授權」獎勵不一定適用於每一個行業，你可以想想看在你的行業有沒有什麼地方是可以給予「授權」獎勵的？

練習

請列出你的生意中可以設計哪些「授權」獎勵。

5.3.4 物品（Stuff）

物品的獎勵是我們最熟悉的獎勵方式，市場上所有的降價、集點數換獎品、買 3000 送 200、抽獎等任何給予使用者獎品、降價的方法都是屬於物品的獎勵。

不同於「身分地位」、「通關」、「授權」是給予使用者內在心理的好處，物品獎勵主要是用外在物理性的好處來吸引消費者，大多不離開金錢和獎品。在這四種獎勵方式中，物品獎勵只能滿足人類的安全需求，也是最需要花錢的獎勵方式。

我這邊整理出一個表單，當你要設計物品獎勵的時候就是讓消費者做一個「行為」，然後給他一個「獎勵」。

行為	獎勵
• 買一	• 送一
• 收集點數	• 送贈品
• 消費滿一定金額	• 換優惠
• 來店消費	• 抽獎
• 打卡按讚	• 半價
• 加入Line@	• 免費
• 購買第二項	
• 幾人同行	
• 使用優惠券	
• 使用信用卡消費	

Pokémon

你可以隨意的混合「行為」與「獎勵」，以下是從表單演變出來的實際促銷活動。

★收集點數換小小兵馬克杯。

★消費滿 500 元抽 ipad。

★來店就送紅茶一杯。

★購買第二杯只要半價。

★使用信用卡消費送電影票。

★三人同行一人免費。

如果你是送獎品，還要預測大部分的消費者會想要哪些商品，獎品不夠好無法引起顧客參與促銷活動的興致。

使用「物品」獎勵的缺點是你必須付出成本才能給消費者優惠和贈品，並不像「身分地位」、「通關」和「授權」是不用成本的獎勵。也因為只停留在安全需求，得到獎品後的滿足感會和獎品的價值成正比。

如果今天是拿到一個 iPad 可能會高興 3 天 3 夜，如果是用餐打九折可能只在付款的瞬間覺得開心，走出店門口就忘記了。

行銷補給站

最好的行銷活動組合就是可以同時滿足內在心理需求與外在物理需求。

我們在道館的行銷單元提到玩家對戰排行榜的策略，這就是滿足玩家心理內在需求的獎勵，讓玩家有一個舞台可以展現自己。如果你把整個比賽過程開直播，並且把比賽結果的排行榜放在網路上公告天下，或許還可以滿足玩家自我實現的需求，也許玩家為了下次能夠獲得勝利而開始努力鍛鍊自己的寶可夢。

在這個案例中，如果你給予優勝玩家的獎品很吸引人，就同時也滿足了玩家的外在物理需求。獎品其實不用很高價，可以是一件 T-Shirt，只有勝利的人才拿得到。不需先花錢做出一堆產品，可以用少量印製的方式來節省你的獎品成本。

不論是搭上寶可夢的話題舉辦玩家對戰排行榜，或是在魔鬼麻辣鍋的案例中讓消費者前來踢館，設計行銷活動的時候可以把「遊戲化」的概念帶進來，設定一個故事情境讓玩家投入你的活動中，並且在過程中滿足消費者內在和外在需求，你的行銷活動才會有話題性容易被分享。

如果你的活動單純只是消費滿 300 元送紅茶，當然還是有可能被分享，但是效果絕對比不上有加入「遊戲化」元素的行銷活動。

練習

1. 請列出你的生意中可以設計哪些「物品」獎勵？
2. 如果配合 Pokémon GO，你可以如何善用「身分地位」、「通關」、「授權」、「物品」四種獎勵方式來設計行銷活動？

我之前也提過 Pokémon GO 會成功，寶可夢的「角色經濟」效益功不可沒，這款遊戲如果沒有結合寶可夢，不會有如此瘋狂的效益。整個寶可夢的世界觀、故事設定、每一隻寶可夢的設計都非常重要。

在未來「遊戲化」的時代，需要更多的角色與故事設定讓使用者進入遊戲情境，消費者會愈來愈想要有趣、好玩的內容。

你可以把「遊戲化」的概念和「角色行銷」的方法運用在你的生意中，企劃出好玩又吸引人的行銷方式，吸引消費者的目光！

Ch6

商家專用的
角色行銷法

不同以往只有大企業能夠進入角色產業，
在網路時代只要有創意、熟悉開發工具，
每個人都有機會用角色做行銷。
在這個章節我會告訴你如何企劃角色，
以及介紹各種簡單上手的開發工具和平台，
幫你開啟角色行銷的大門！

6.1 用角色讓你脫穎而出

相信你已經觀察到有愈來愈多商家、企業將寶可夢使用在行銷企畫裡面，不論你是否使用寶可夢來做行銷，在網路時代不管是做哪一種生意，都必須要知道如何在網路上宣傳與曝光。

如果你不想經營自己的角色（吉祥物），而且有足夠的資源和人脈，可以直接和既有的角色談授權，看你喜歡哪一個角色，就直接找代理商詢問授權開店的可能性。

在這個章節我會針對經營自己的角色做進一步講解與分享。現在是所謂的自媒體時代，不論是部落格、社群、網站、影片頻道，所有資源幾乎都可以免費取得，不但如此，還有許多平台提供數位商品的販售，任何人都可以製作、上架自己的數位商品賺取被動收入，Line 貼圖平台就是一個很好的例子。

這樣的時代雖然方便，但是有一個困擾，就是任何人都可以使用這些資源導致網路上資訊大爆炸，你的訊息可能就被埋沒在一堆資訊裡面，這也是許多商家經營社群會遇到的難處──發布的消息很少人看得到。

你必須在第一時間就引起對方的興趣，文章跟影片才有機會被點閱以及觀賞。簡單來說，你發布的內容不但要有價

值，還需要具有娛樂性和吸引力！這是為什麼網路上充滿著圖文並茂的文章、漫畫，以及簡短有趣的影片。

你要如何在眾多訊息中脫穎而出？

創造自己的角色是一個好方法，你可以用這個角色的圖文照片發布可愛具有娛樂性的內容，讓消費者對你留下深刻的印象。

你可能在商業雜誌上看過「萌經濟」、「角色經濟」，或「角色行銷」這些名詞，也知道知名的角色像寶可夢、熊本熊、Hello Kitty 會帶來龐大的商機，但你可能會覺得這是大企業在做的事情，跟你沒有關係。的確，在 20 年前只有大企業才有能力開發與宣傳角色，過去的傳統媒體只有少數人才有能力使用，但是在網路時代這一切都改變了。

如果你是實體商家，在經營商店的同時進行角色行銷對你很有利。

一般像我們沒有實體店面的創作者，在創作一個角色之後，會去許多不同的數位平台上架作品，然後在社群持續發圖文宣傳培養粉絲。但是在角色沒有名氣之前很難有穩定收入，在眾多角色之中也不是每一個角色都有可能成名，在收入不穩以及不一定有回饋的心理壓力下執行，使得許多創作者無法持續投入在經營角色上。

Pokémon

如果你是實體店家，原本就有一個穩定的商業模式與財務收入來源，經營角色只是其中一項業務，壓力不會那麼大。幫商店創造一個角色，不但可以讓你發布更多吸引人的內容來經營社群，當你要辦活動或是做宣傳品的時候，這個角色也能夠成為最佳代言人。

就算這個角色不會大紅大紫，在經營的期間還是會為你帶來更多話題性，吸引潛在客戶。萬一角色真的受歡迎，還可以有周邊商品和商業合作等其他商機。

這裡有幾個重點：

★以本業為主

你還是以經營原本的生意為主，經營角色只是行銷的環節。如果一家餐廳食物很難吃，服務態度又差，做任何行銷都是白費力氣。

★持續經營角色

經營角色有一個祕訣，就是不斷的發布消息，持續經營下去。最簡單的方式就是在社群持續的發布貼文，寧願內容短但是每天都有持續貼文，但不要在一天之內發布好幾篇文章。

★以圖案、影片為主

所有的貼文盡量以圖案、影片為主，圖文的文字不要太冗長，幾句話點出重點就好。影片也不要太長，盡量控制在 1 分鐘之內，以簡短有趣為主。

你可能會問,如果我不會畫圖怎麼辦?

不用擔心,我會告訴你如何不會畫圖也能夠經營角色的方法,你一定做得到!企劃角色才是整個角色設計中最重要也最難的環節,接下來讓我們一起來學習如何企劃角色。

 **6.2** 如何企劃角色

設計角色最重要的步驟是企劃角色,而不是畫圖。在企劃過程你會更清楚知道角色的外觀特色、個性,當你完成企劃的時候,不論是要自己繪製還是找人繪製都會有更明確的想法。

如果你不會畫圖,你可以企劃好角色之後再外包給設計師幫忙繪圖。如果你對造型已經有很明確想法,也有簡單的草圖只是需要畫圖上色,通常只需要支付繪圖的費用。

如果你不自己企劃角色,全部都要設計師幫你搞定,通常費用會高出許多。因為設計師不但要花時間了解你的事業、幫你想方案(企畫),還要來來回回溝通確認細節,非常費時。最糟糕的是,不是每一個設計師都了解角色企劃,設計出來的成品可能只是一個有造型的 Logo,完全沒辦法有行銷作用或幫助。

企劃角色有五個元素要思考：

★ 概念、主題、個性、世界觀／故事、命名

6.2.1 概念——描述你主要想傳達的想法

確認概念

首先你可以先想想這個角色想要傳達的概念是什麼？這個概念不用非常複雜，最好是可以用一句話表達。

如果是企業或商家的吉祥物，可以把你的企業理念和經營理念帶入概念裡面：

例如：

★ 愛與和平

★ 讓每個人都有笑容

★ 人與人之間的橋樑

★ 帶給人幸福與平安

★ 慢活、健康的生活形態

如果是代表地方觀光的角色企畫，就可以把當地獨有的特色帶入概念。

例如：

★ 人情的故鄉

★ 繁華中的悠閒

★ 離天空最近的地方

熊本熊、開運小福

熊本熊的概念是幸福、快樂的生活，把熊本縣塑造成一個住在這裡就會很幸福的好地方。

我自己創作的卡通人物——開運小福的概念是為人帶來好運。

確認目標客群

接下來你可以想想你的目標客群：這個角色未來會接觸到什麼樣的人呢？是小孩、社會人士、女性上班族，還是家庭主婦？這會幫助你清楚知道角色設定的方向。

練習

1. 寫下你想傳達的概念，盡可能的把所有想法都寫出來，然後挑選一個最符合的概念。
2. 找出你的目標族群，並且把這個目標族群擬人化，把他／她的名字、性別、年齡、職業、興趣寫出來，愈詳細愈好。
3. 確認你想傳達的概念是否符合你的目標族群。

6.2.2 主題元素（Motif）

當概念確認之後，接下來就要思考用什麼樣的主題來表現概念。可以成為主題的元素很多，你可以挑選最適合表現概念的元素來設定角色。下面是幾個可以尋找主題元素的類別提供給你參考，任何元素都可以被發展成角色。

人類

用人類當主題的時候要考量到角色的年紀、性別、職業，是小男孩還是少女？童話故事裡面很多人類的角色。如果要以人類為主，最好是可以搭配一個故事一起推廣。你會發現通常三麗鷗、SanX 這種專門經營角色的企業很少設計以人類為主的角色，大部分知名的人類角色都是從故事或漫畫延伸出來的居多。

如果你經營的商店很適合童話氛圍，你可以設計繪本風格的人類角色搭配簡短的詞句，營造店內的感覺，然後在臉書上面 PO 文。

☝ 擔心自己不會畫圖？沒問題，我在 6.3「各種開發平台與工具介紹」的單元會告訴你如何用簡單的方式來進行，不用畫圖也有方法可以經營角色，我們後續再討論。

小小兵的立場很尷尬，不過原則上也算是人類的角色，只是他們是長相奇特的人形生物。小小兵是混合主題所產生的角色（人類＋幻想元素）。

★以人物為主題的角色：三麗鷗的奇奇與拉拉、吉米的繪本人物、小王子、迪士尼的公主們、海賊王的魯夫、小小兵、飛天小女警（PowerPuff Girls）。

動物

動物是目前角色產業最愛用的主題，市面上有非常多以狗、貓、兔子、熊等動物為主題的角色，動物們可愛的表情會融化我們的心。選擇動物主題的優點是比其他主題容易設計與企劃。動物們本來就很萌、很討喜，容易讓人喜歡。

缺點是很多人也是以動物為主題，所以同質性高並且競爭大。要讓消費者從這麼多動物角色中認得你的角色需要比較費心。而且如果不小心，還會容易跟別人的設計相仿而被懷疑有抄襲的可能性，引起不必要的困擾與糾紛。

★以動物為主題的角色：Hello Kitty、懶懶熊、海賊王的喬巴、熊本熊、台灣的無奈熊。

食物

食物主題是動物主題之外的熱門主題，在角色業界最紅的食物就是三麗鷗的蛋黃哥！由於食物很貼近我們的生活，容易產生親切感。三麗鷗在 2013 年舉辦《三麗鷗食物角色總選舉》，蛋黃哥就是在這場比賽中得到第二名出道的，第一名是以鮭魚為主題的 KIRIMI 醬，結果第二名的蛋黃哥比 KIRIMI 醬更紅。原因有很大部分就在角色的個性，懶散又無力的蛋黃哥療癒了許多人的心。

對於開發食物主題有興趣的朋友，建議可以去看《三麗鷗食物角色總選舉》中的參賽角色，有很多非常好的想法可以學習。

★以食物為主題的角色：蛋黃哥、烤焦麵包、麵包超人。

植物／蔬果

以花、草、樹木等植物為主題的角色比較少，以蔬菜水果為主題的角色比較多。如果你經營的是餐飲業，可以用蔬菜水果作為你的角色，把店裡面最具有代表性的蔬果設計成角色。

★以植物蔬果為主題的角色：蘑菇人方吉、船梨精、瑪莉歐系列的蘑菇侍女。

物品

市面上用物品作為主題的角色比較少，大部分都是企業本身把自家產品角色化的案例會比較多。例如賣音響的商家用音響為主題來企劃角色，賣鉛筆的商家用鉛筆當角色。

除了直接把產品畫出來，也可以使用擬人化的手法，把物品轉換成為人形，例如日本有一部動畫就是把黑頭粉刺擬人化，每一個粉刺有不同的個性住在臉上，每當主人要黏粉刺的時候就躲進毛細孔逃命，整部動畫非常幽默有趣。這個粉刺主題就很適合給美容用品的商家使用。

物品也包含數字、注音符號、字母等抽象的概念，尤其在小朋友的童書經常會出現數字或字母的人物。

★以物品為主題的角色：玩具總動員中的玩具、皮克斯動畫開頭的床頭燈。

☞ 關於擬人化的方法，請閱讀 6.2.7「擬人化你的商品或服務」。

幻想元素

幻想元素就是像獨角獸、魔法、怪獸、恐龍這種不存在於真實世界的元素，幻想元素的角色非常多，尤其在奇幻電影、遊戲、小說當中最常出現。

★以幻想元素為主題的角色：龍貓、馴龍高手中的夜煞、進擊的巨人、黑魔女。

交通工具

最著名的交通工具角色就是湯瑪士小火車，變形金剛也算是交通工具角色。在高雄的捷運站是運用擬人化的手法把捷運轉化成為高捷少女。

★以交通工具為主題的角色：湯瑪士小火車、汽車總動員。

建築物

如果你是著名的觀光景點或是建商，或許以建築物為主題對你會有幫助。

★參考元素：台北 101、電影院、廟、教堂。

大自然

這個主題比較少人使用，可以依照你行業的需求來思考可行性。

★參考元素：雲、雨、夕陽、海、山。

混合主題

誰說一定只能有一個主題？在企劃角色的時候很常會把多種元素混在一起，創造出全新的角色。建議一次混合兩種就好，避免角色變得太複雜。

★食物＋動物＝布丁狗、蜜瓜熊、壽司貓、綠茶犬。

在這個階段你必須大量的發想，在紙上或電腦上把你想到的任何元素都寫下來，看哪個主題最能夠表現你的概念。舉例來說，如果你設定的概念是慢活，主題元素可能會想

到蝸牛、烏龜等帶給人慢活感受的元素，但是你也不用受限於直接印象的元素。

以慢活的例子來說，「熊」本身並不會直接給人有慢活的印象，但是「趴趴熊」和「懶懶熊」這兩個角色分別用熊貓、熊玩偶做為主題元素。因為角色個性設定的關係，這兩隻熊的確有帶給人慢活的感受跟概念。

我當初設計「開運小福」的概念是「帶給人幸福與好運的福神」，我選擇的主題是幻想元素＋人類，主角的頭上設定了帶來幸運的「四葉草」。

你可以在企劃過程中思考各種不同的主題元素，也可以結合幾種元素來產生新的靈感。決定主題元素的過程很重要，很多時候你會對於角色的整體設計更加明確。

練習

1. 寫下所有頭腦浮現的主題元素，這個階段先不用思考可行性，可以盡量發想。
2. 依照類別分類，看哪一種類別的主題元素多，可以作為決策的參考。
3. 列出幾個最喜歡的主題元素，過程中也可以試著混合不同的主題，找出最好的組合。

6.2.3 個性設定

角色除了外觀的設定之外，個性的設定也是非常的重要，有些個性的設定也可以反應在角色的外觀設計或道具的設定上面。賦予角色口頭禪則可以加深這個角色給人的印象。

你的角色是什麼個性？是優柔寡斷、暴怒、溫柔、少根筋、迷糊、還是搞笑？熊本熊的個性就是呆萌；蛋黃哥的個性是慵懶、什麼事都不想做；船梨精的個性是活潑、激烈、激動。

「開運小福」中的小福設定為愛吃愛喝，你只要給他貢品就會為你祈福的小福神，而且會依照你的祈福需求換裝來幫你祈福。如果你給的貢品不夠，祈福的效果就會減半⋯⋯

開運小福

專門替人開運祈福的小福神，他會依不同場合變裝祈福，以達到最好的效果。頭上的四葉草代表幸運與幸福，喜歡吃東西、睡覺，以及幻想祈福時的英姿。偶爾會因為少一根筋而出搥，但心地很善良，興趣是逛夜市及製作變裝的道具。

小小福

見習中的小福神，喜歡黏在小福身邊，愛撒嬌、血拼，也喜歡流行，有時會搞蛋，是一個可愛的小福神。

發想角色的個性，愈清楚愈好。

6.2.4 世界觀／故事

世界觀是角色所存在世界的模樣，哈利波特是存在於一個魔法的世界，而海賊王是存在於一個大海盜時代。

你可以想想這個角色住在什麼世界？他平常喜歡做什麼？有哪些朋友？

重點是要思考這個角色所居住的環境以及他的生活，經過這個過程，你會發現這個角色會真的活在你的心中。你可以想像這個角色在某一個情境中會有什麼反應，遇到某個人的時候他會說什麼話。

還有這個角色如果出現在繪本中的時候會是怎麼樣的劇情？除了企劃角色之外，幫你的商店打造一個故事。

現階段只要隨意發想大概的方向即可，主要目的只是要幫助我們更了解角色的基本概念，詳細的劇情可以之後需要故事的時候再思考。當角色設定鮮明的時候，不論你將來想為他做繪本、故事書、動畫，你都可以知道該朝什麼方向來描述關於他的故事。

✿ 開運小福設定 ✿

如果你在路上撿到了小福蘆,別忘了叫小福幫你開運喔! 只要用力搖一搖, 小福就會帥氣出場!

叫我嗎?

防小人的仙人掌套裝!

小福善於變裝祈福. 所有的開運道具和服裝都是DIY的喔!

啊~人生~

小福最愛吃及逛夜市了, 他最愛的食物是綠豆凸!

哇~哇~

牛肉麵　芭樂　綠豆凸

準備小福愛吃的食物會增加開運效果

最愛下午茶時間來一杯熱茶和綠豆凸吧!

開運注意事項!

開運前一定要先餵飽小福, 不然就會餓暈了無法工作

咕嚕嚕

累了就會馬上睡著, 就算正在開運中...

 想更深入了解開運小福系列的整體設定,請到開運小福的網站看更多資訊。http://niniart.com/hokifairy/

練習

1. 發想角色的世界觀。
2. 發想角色的故事。
3. 試著用 200 個字以內描述角色的世界觀與故事。

6.2.5 命名

角色的命名非常重要，設定角色的名字就像幫產品取名字一樣的重要，最好是可以讓人一聽就知道這個角色的概念。除了名字之外，還要想出角色的標語，這個標語也要能夠清楚表達這個角色系列所要傳遞的意象。

★直接使用混合主題的名稱＝布丁狗、蜜瓜熊、壽司貓

★形容詞＋主題＝懶懶熊、趴趴熊、烤焦麵包、慢速龜

★功能＋主題＝開運小福、健身狗、搖搖雞

★地名＋主題＝熊本熊、愛媛雞‧巴里

★隨意取名：除了上面提出的組合，你也可以隨意取名，讓角色跟你的生意可以連結是最重要的。

「開運小福」的取名就非常直接，主角是一個幫人祈福、帶來好運的小福神，所以這個卡通系列就直接取名為「開運小福」。當時在創作開運小福的時候有規劃未來可以添加更多台灣特色的元素在故事裡面，所以他的英文名字「Hoki Fairy」的「Hoki」是取台語裡頭「福氣」的發音。

1. 試著用「形容詞＋主題」、「功能＋主題」、「地名＋主題」的方式，大量發想可能的命名組合。
2. 從眾多命名中挑選三個最喜歡的名字。
3. 做市場調查！命名非常重要，決定名字之前要做簡單的市調。詢問親朋好友或客戶對於這三個名字的意見作為參考，也可以在社群詢問粉絲們的想法。

6.2.6 專屬舞步、主題歌

如果你想企劃的是要被布偶化的角色，除了以上五點之外，還要替他設定專屬的舞步和主題歌。布偶娃娃有很大的機會出去直接跟民眾接觸，舞步和主題歌可以幫助角色跟粉絲互動，尤其是小朋友。

6.2.7 擬人化你的商品或服務

你的商品或服務不一定適合直接做成吉祥物，這個時候就可以採用擬人化的方式來呈現。擬人化就是把非人類的東西用人形來呈現。

假設你是經營一間意大利麵專賣店，把一盤意大利麵做成吉祥物確實有點難度，這個時候你可以設計一個手上拿著意大利麵的廚師。其實任何東西都可以被萌化，很多萌化的結果出乎意料帶出全新的商機，有些傳統的產品經過萌化的過程後也能夠得到年輕人喜愛。

把公司的產品或服務萌化成一個代言人也是一個角色行銷的方式，下面是使用萌化塑造動漫風人物來行銷的案例。

Pokémon

人格的擬人化

挖洞人	炸彈人	高傲人	黏黏人	創傷人	標準人
自我價值低落、喜歡自責、都是自己的錯	個性急躁、脾氣暴躁、沒耐性	自以為是、高高在上、孤傲冷漠、不可一世	喜歡跟人黏膩在一起，不喜歡獨處	被過往的創傷影響，導致內心封閉，害怕再次受傷	很多原則標準，愛批評、控制，對人嚴苛

面具人	幻覺人	恐懼人	猶豫人	軟弱人	爛好人
愛面子、假裝堅強、喜歡逞英雄	因為想法很多，導致無所適從，執行力差	膽小、容易受驚嚇、時常被身邊的人事物影響	猶豫不決、優柔寡斷、時常拉扯內耗	牆頭草、沒有立場、變來變去	有求必應，不敢拒絕別人的請求

我設計的卡通系列中有一部和英國巴曲花精中的 12 種人格結合的「12 型雪逗人」系列，你可以藉由簡單的心理測驗知道自己是哪一種人格。我把各種不同的人格擬人化，設計成可愛的卡通人物，讓原本只是用文字描述的人格測驗變得生動有趣，更討人喜歡。

每一種人格的造型都有特別的意義，想知道我如何設定這些角色的朋友可以到 http://niniart.com/12shadowkid/ 看更多資料，相信對你設計角色會有很大的幫助。

電腦作業系統的萌化

除了遊戲之外，電腦作業系統也是可以擬人化。微軟在日本推廣 Windows7 UItimate 系統的時候，以官方的名義正

式推出了萌化形象 Win7 娘——窗邊奈奈美，當時獲得很大的成功。

交通工具的擬人化

在台灣大家熟悉的就是把高雄捷運擬人化的高捷少女，小穹、艾米莉亞、婕兒，還有耐耐，她們現在成為高雄捷運代言人，不但有各式各樣的商品，相信日後還可以有更多元性的發展來宣傳高雄捷運。

看了這些擬人化的案例，你也可以開始試試看把任何商品或服務擬人化，變成一個角色。現在就開始發想，你的商品和服務可以如何呈現。

 對於擬人化手法有興趣的朋友，可以到我的網站看相關的文章。

 **各種開發平台與工具介紹**

完成角色企劃之後，接下來你要成為角色的製作人，把角色設計出來變成各種形式與消費者見面。

我擁有將近 20 年的創作經驗，除了前期的創作與企劃之外，對於技術面的角色設計、故事創作、電腦繪圖、動畫、

配音、音樂音效、影片編輯等製作流程和工具也非常熟悉，並且開發過圖文漫畫、貼圖、音樂 CD、電子書、動畫、遊戲、線上課程、周邊商品等數位內容產品。

在這個單元我會簡單介紹各種開發工具以及創作流程，讓你對整個開發工具有初步的認識。未來不論你是要自己開發還是委託別人開發，了解工具與平台將會有效協助你拓展更多可能性。

 如果想更深入了解各種開發工具，請掃瞄 QR Code 查看更多教學、文章及相關訊息。http://niniart.com

6.3.1 繪製圖文／照片

在社群持續發布角色相關的圖文照片是最基本的方法。每日要發布的貼文圖片不用花很多時間製作，只要圖案和文字搭配得上，可以傳遞訊息就夠了。重點是要持續發文，所以製作流程愈簡單愈好。

由作者 Bonboya-zyu 創作的「小圓貓動物畫廊」是很經典的案例，作者以動物為主題，把自己的心情小語配合動物角色變成一則小圖文發布在網路上，這個系列在當時非常紅。我會拿這個例子作為案例是因為剛開始「小圓貓動物畫廊」的圖案幾乎都是黑白的，而且畫工並不精緻。是作品成名之後確定要出書，作者才重新繪製這些小插圖，並且幫他們上色。

拿這個系列當案例還有一個重點,這個系列有非常多動物角色,幾乎所有的動物都被作者用上了。我非常不建議你像這位作者一樣使用許許多多不同的角色;這位創作者在經營一個以動物為主題的卡通系列品牌,而你主要是在經營商店!經營一個角色跟你的商店作連結,主打一個品牌形象就好。初期請專注經營一個角色,讓消費者認得他,日後依照需求可以慢慢為他加上幾個朋友。

繪圖 DIY

現在的電腦繪圖和設計軟體愈來愈簡單,在電腦和平板上面也有許多便宜或免費的繪圖工具,就連專業用的 Adobe 系列軟體都採取低價月費制,大大降低進入電腦繪圖的門檻。現在用平板加上畫筆就可以繪圖了,沒有想像中的困難!

如果店裡面沒有人會電腦繪圖也沒關係,你只要在白紙上面畫完之後,用手機拍攝、裁切、修圖(看必要性)就可以上傳,一台手機全部完成,非常方便。

繪圖的小撇步

1. 首先在隨便的紙上隨意畫草稿,完全不用在意線條乾不乾淨,先把整體的形態描繪出來。

   我不喜歡在素描本上畫圖,喜歡使用任意的 A4 影印紙隨意畫圖。如果畫在正式素描紙上面怕畫不好會有壓力,反而隨便的 A4 紙可以放鬆畫。

2 畫出你喜歡的圖案後，使用透明度高的描圖紙仔細重新描繪一次。

因為只是描繪已經畫好的圖案，難易度大大降低，可以仔細的描繪線條。

描圖紙不便宜，我發現用烤箱用烘焙紙（Oven Paper）也有一樣的效果，而且價格便宜許多，非常推薦！

雖然說畫的簡單就好，但萬一畫出來的圖真的不堪入目，可不要勉強使用，避免破壞你的品牌形象。你可以運用下面這個方法。

不會畫圖的作法

完全不會畫圖的人請注意，這裡提供你一個好用的方式。

畫圖多少需要一點天賦和興趣，不是每個人適合；就算不會畫圖，每個人都會用手機照相吧？

把角色企劃出來後，先找人製作這個角色的實體娃娃，可以用 3D 列印、布偶、紙黏土、針織娃娃都沒有關係，看哪一種材質符合這個角色的感覺。假設我做了一個角色的布偶，我就可以帶著這個布偶到不同的地方照相，在照片上加文字就可以發布文章，多麼方便。

當然你會先需要投資一點錢把角色實體化做出來，但是之後你所有的 PO 文都可以使用，完全不用再請設計師幫你繪圖，以長遠之計來看，還是會比較划算！

如果你能夠學會使用簡單的電腦繪圖軟體，還有許多小撇步可以把普通的相片轉換成為插畫風格的圖案。

與其他人合作

這是另外一種方式，如果你身邊有喜歡畫圖但是還沒有找到舞台的朋友，也可以談合作。你可以企劃好角色之後請他來繪製，依照彼此的需求來創造互惠互利的合作模式。

一定要留意的是智慧財產權的歸屬都要事先溝通清楚，不然以後可能會帶來很多麻煩，談好合作方式和版權歸屬後一定要正式簽約。

電腦繪圖工具

市面上有很多適用於電腦和平板上面的繪圖軟體，我在這裡無法全部介紹，只能介紹我自己正在使用的軟體作為參考。我最主要是用 Adobe Photoshop 和 Illustrator 畫圖。

 日後我將會針對完全不會畫圖的初學者規劃電腦繪圖的課程，用最簡單和有效的方式教你電腦繪圖，有興趣的朋友可以加入我的 Line@ 好友，我會發布最新課程消息。

6.3.2 貼圖平台

Line 原創貼圖

Line 貼圖的原創貼圖平台給創作者另外一個可以嶄露角色以及獲得被動收入的機會，除了可以免費上架之外，貼圖的收入和 Line 做 50％的拆成。

Pokémon

除了靜態貼圖，Line 在 2016 年 4 月也開放了原創主題販售，同年 6 月開放動態貼圖販售，這是一個門檻比較低，在初期可以嘗試的好平台。

目前我在 Line 上面有 9 套貼圖上架，其中一套「雪逗人三階段大冒險」貼圖很特別，這套貼圖是針對一個成長課程的畢業生所設計，貼圖裡面大部分都是課程用語，這個課程在台灣有好幾個不同公司在舉辦，只要上過課程的人都會想要購買。結果一開賣就口碑相傳，許多課程畢業生相繼搶購，在上架 12 個小時之內就衝到排行榜第六名！

當然，等該買的人都買了之後銷售量就下降，因為這一套貼圖不會吸引一般用戶。好消息是這個課程每個月都會開辦新的班別，所以持續都會有人購買，是我上架所有貼圖中銷售持續力最穩定的一套貼圖。

 有興趣的朋友可以到這裡看這套貼圖的所有圖案。

微信表情平台

在中國大陸主要使用 WeChat（微信），微信也有開發讓創作者可以上架貼圖的「微信表情」平台，我也有在微信上架好幾套貼圖。但因為「微信表情」是免費讓使用者下載使用的，所以創作者無法收費只能收紅包。台灣人申請「微信表情」平台的流程較為繁瑣，製作圖案的規定和 Line 完全不同，要特別留意。

微信表情開放平台：http://sticker.weixin.qq.com

平台	Line 原創貼圖	微信表情平台
上架費用	免費	免費
申請容易度	容易	難
貼圖數量	靜態40，動態24	24 或 16
靜態貼圖	可以	可以
動態貼圖	可以	可以
審核速度	較快	慢
販賣收入	50%	收紅包
優勢	可以賣貼圖賺錢	曝光度高
檔案格式（靜態）	PNG	GIF
檔案格式（動態）	APNG	GIF

 對於貼圖製作，以及在這兩個平台上架有興趣的朋友，可以加入我的 Line@ 好友，我會發布最新課程消息。

6.3.3 周邊商品／贈品

有質感的周邊商品

Fandora Shop 是台灣最大的線上插畫商城，你可以免費申請建立商品館，上傳檔案後就可以做成各式各樣的精美商品。如果有人在你的商品館購買商品，Fandora Shop 會幫你製作商品並且寄送到客戶手中。簡單來說就是你馬上可以有一間專屬於你周邊商品的專賣店。

因為 Fandora Shop 商品都是個別印製，加上還要負責客服和運送，創作者能拿到的利潤是實際銷售件數 × 實際銷售價的 10%（含稅）。

> **案 例**
>
> 〈官方案例一〉
> 假設一件 T-shirt 是 550 元，並且以 550 元售出，那你會拿到的商品分潤為 55 元（550×10%）。
>
> 〈官方案例二〉
> 假設一件 T-shirt 是 550 元，網站上有優惠活動打 85 折，550×0.85 ＝ 467.5，所以商品的實際銷售金額是 468 元，那你會拿到的商品分潤為 47 元（468×10% ＝ 46.8）。

Fandora 平台最大的優勢是，除了製作設計稿之外，你不用花任何費用就可以擁有自家品牌的精美周邊，還可以在店

裡面提供周邊商品販賣，如果有人購買還可以分到利潤，是很棒的商業模式。

創作者自己購買有優惠價，但是就不能拿利潤折扣，你可以自己買商品放在店裡面擺設，也可以拿來當活動贈品，對於經營品牌和角色都會加分。

至於設計稿的部分，如果不想自己設計，可以挑選你想製作的產品後委託平面設計師幫你做設計稿。通常一個設計可以用在很多不同的產品，可以跟設計師討論包套的價錢。

一般周邊商品

除了 Fandora Shop 的精美產品之外，你還可以在印刷廠印製書籤、貼紙、紙袋、海報、便利貼等各式各樣的印刷品。

在這裡介紹一款免費的線上平面設計軟體，自己就可以簡單做設計。

Canva 是一套免費的線上平面設計軟體，簡單來說就是雲端的排版軟體，操作簡單也有很多素材可以使用。如果素材不夠，你也可以上傳自己的圖案來設計網站、粉絲頁要用的圖案或平面宣傳品。

缺點是這個平台只有英文的界面，而且如果你沒有能力自己做圖案上傳，就只能從圖庫中找圖來使用，優點就是免費使用而且功能完整。

Pokémon

你可以這樣搭配使用：

★當你需要獨特的設計，尤其是品牌形象和重要的宣傳品
　——找平面設計師。

★只是想快速做個 DM 或優惠券，好看就好——用 Canva。

canva 的網址：http://www.canva.com/

6.3.4 影片行銷／商用微動畫

網路上影片的點擊率和傳播速度非常驚人，影片可以讓你
從眾多的圖片、文字當中脫穎而出，抓住消費者的目光。
現在做影片比以前簡單多了，用手機就可以錄製高品質的
影片，大大降低進場門檻。

影片的商業用途很廣泛，是非常重要的網路行銷工具，除
了真人錄影之外，現在製作動畫真的很方便，只要一台電
腦就搞定。歐美非常盛行商業微動畫，也有很多方便做動
畫的軟體，只要學會操作就可以簡單做動畫！

不論你是要推廣商店、販賣產品、心情分享、宣傳活動、
經營角色，影片一定都會為你加分，增加網站曝光度與閱
覽量。

真人錄影

適用場合：拍攝辦活動的狀況、製作廣告、和網友分享你
的心情、拍攝抓寶可夢的過程都適合用錄影的方式呈現。

如果你有布偶裝，當然就是拍攝這個布偶生活上的點點滴滴。穿著布偶裝帶狗去散步、在咖啡廳外面喝咖啡、在公園漫步，原本平凡無奇的事情，當你穿上布偶裝的時候就不一樣。這些影片都可以上傳成為你經營社群的素材。

你可以使用 Filmic Pro 這個 APP，馬上讓你的手機變成專業錄影機。手機裡面還有各式各樣的影片剪輯軟體，小影是另一個操作簡單的 APP。

推薦手機 APP（iOS & Android）：Filmic Pro──錄影，小影──剪片。

☞ 網路直播是另外一種真人錄影的形式，如果你不害羞可以現場直播，這是現在非常受歡迎的影片形式！請到 3.5「直播頻道介紹」單元看詳細資訊。

商用微動畫

除非是穿著布偶裝，否則卡通角色很難用真人錄影的方式呈現，最適合用的影片形式就是 2D 動畫。動畫給人的印象是需要具備高度的手繪能力以及花費大量時間與金錢，傳統動畫如迪士尼或宮崎駿的動畫的確如此。不同於傳統動畫，微動畫是很短的動畫影片，一般在 3 分鐘之內，甚至 30 秒，非常適合在網路行銷上使用。

如果只是要製作網路行銷用途的微動畫，市面上有非常多工具可以使用，讓你輕鬆做動畫。我目前在做 2D 動畫軟體的教學與推廣，用最簡單的好軟體和有效的流程，讓你可以快速學會做動畫。

2D 動畫影片（2D Aniamtion）

2D 動畫很適合製作故事性強、人物表現多元的動畫，在手繪影片或簡報型文字動畫開始流行以前，大部分的網路動畫都是以這類型的動畫為主，Flash 動畫也是屬於這個類型。如果你要做故事性比較強的影片，可以選擇 2D 動畫的表現方式。

★PowToon、GoAnimate 是針對商用的 2D 動畫軟體，可惜月費／年費頗高，比較適合企業使用。

★Crazytalk Animator 2D 動畫軟體

Crazytalk Animator 是由台灣甲尚科技公司所研發出來的一套 2D 動畫軟體，強調簡單上手，任何人都可以做動畫。軟體中包含許多內建的角色、道具、場景，還有方便的動作模版與自動對嘴系統，大大簡化製作動畫所需要的流程與時間。

➥圖片來源：甲尚科技公司網站截圖：http://reallusion.com

這款軟體操作簡單,可以用內建素材馬上製作角色,也可以輸入自己繪製的角色或是照片,只要完成幾個簡單的設定,然後對著電腦麥克風錄口白,就可以讓你的圖案或照片自動對嘴開口說話,也可以有各種不同的表情!

Crazytalk Animator 第三代即將上市,整個角色的設定流程又更為簡化,就算是一般沒有學過電腦繪圖或是動畫的人,也可以簡單操作。這個軟體除了可以做 2D 動畫之外,也很適合製作 Line 的動態貼圖。

當你經營社群的時候需要大量發布貼文,你只要在這個軟體裡面設定好角色之後,就可以重複使用,可以快速有效的製作社群貼文要用的動畫影片,非常方便有效率。

 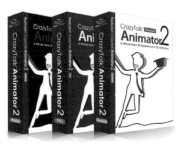

➥ 圖片來源:甲尚科技公司網站截圖:http://reallusion.com

我目前是甲尚科技公司的 2D 動畫認證講師,對簡單做動畫有興趣的朋友可以加入我的 Line@,未來會發布相關教學訊息。

手繪影片（Whiteboard Video）

手繪影片是近年來很流行的動畫影片類型，最常被用在網路行銷上，在中國大陸知名的網路影片《冷知識》，也是用手繪影片完成。手繪影片在畫面上會有一隻手在畫面上作畫，而觀眾也會不自覺的一直盯著影片看，吸睛效果特別好。加上製作流程簡單、快速，所以有許多銷售影片或知識宣導影片都是採用手繪影片的形式來呈現。

在美國有一些手繪影片軟體，但通常對中文使用者來說最大的問題就是中文字體在手繪影片軟體的使用。我目前還在試用一套最新推出的軟體，將來會在網站介紹我最推薦的手繪影片軟體給大家。

簡報型動畫（Presentation Video）

這是一種以文字動畫為主的簡報型動畫影片，在這三種影片類型當中，是最容易上手，也是可以容納最多文字的動畫類型，用簡報軟體就可以完成。一般人只用簡報軟體做簡單的簡報，你知道其實簡報軟體可以做動畫影片嗎？

推薦軟體：Powerpoint、Keynote、Google 簡報

 我專門做商業微動畫的教學，有興趣的朋友可以到我的網站看相關文章和講座資訊。

6.3.5 電子書與互動電子書（APP）

電子書

歐美國家電子書盛行，許多作者早就可以在亞馬遜的 Kindle 上架電子書販賣賺錢被動收入，甚至在美國還有自助出版的服務，作者上傳檔案後就可以到處宣傳自己的實體書，有人買書之後出版社再單本印刷寄給讀者，作者可以拆利潤。

華人國家的電子書市場還沒有歐美那麼成熟，但還是有可以上架的平台。目前來說 Pubu 電子書城使用者多，而且擁有方便的作者自動上架平台，有興趣的朋友可以去看看。

如果你是屬於文字很多的書，要做電子書最簡單的方法就是直接在 Microsoft Word 裡面撰寫，完成後儲存為 PDF 或轉檔成為 EPUB 檔案。如果你是想做圖文書或是相片書這

種圖案為主的書，可以使用專業在用的 Adobe InDesign，或是線上免費使用的平面設計平台 Canva 來排版，完成後一樣儲存為 PDF 或轉檔成為 EPUB 檔。

Adobe InDesign 官方網站，請搜尋：http://www.adobe.com
Canva 的網址：http://www.canva.com
Pubu 電子書城：http://www.pubu.com.tw/newbie/newbie5-1.html

互動電子書（APP）

不同於電子書，互動電子書像是一個遊戲 APP，有非常多的互動性在裡面，是結合故事、圖像、音樂、音效、互動性、遊戲的多媒體商品，尤其是給孩子看的互動電子書非常熱門。

現在有許多製作互動電子書的軟體可以讓創作者不使用電腦語言就製作 APP，只要你學會基本的軟體操作就可以製作互動式電子書，互動電子書製作完成後可以直接在 Apple Store 以及 Google Play 上架，確實非常方便。

我現在正在研究與比較幾個製作工具，準備開發一套多媒體互動電子書，未來再為大家分享到底哪一套工具最簡單好用，請密切注意我的網站。http://niniart.com

6.4　素人就可以辦到的布偶裝行銷

布偶裝行銷是一個很有趣的行銷方式，在日本有許多素人使用布偶裝行銷獲得成功，也有企業使用布偶裝達到很好的行銷效果。

熊本熊是由地方政府推動成功的案例，對於一般商家做行銷而言實在太遙遠了，我在這裡會介紹素人用布偶裝做行銷的成功案例，讓大家理解布偶裝行銷該怎麼做。

要做布偶裝行銷當然要先投資一筆費用做布偶裝，如同做角色的實體化娃娃一樣，只要做好之後就可以一直使用，不但出外辦活動超級吸睛，隨便坐在店裡面拍個照就是一則貼文，沒事就讓布偶去人潮多的地方也會有很多人照相分享，是一筆有價值的投資。

做布偶的費用不一定需要很高，風靡日本的船梨精就是用低廉的價錢自製布偶裝成功的案例。話說回來你的角色當然不能太醜，我建議除非你是走 KUSO（搞笑）路線，不然布偶裝還是做精緻一點比較好。

船梨精（ふなっしー）是船橋市的非官方認定吉祥物，不同於一般吉祥物可愛、賣萌的形象，他以驚人的彈跳力、惡搞的演出、以及過激瘋狂的動作聞

➜ 截圖自船梨精官網：http://funassyiland.jp/

名。他受歡迎的程度宛如天王巨星，天天跑活動、電視通告與代言不斷、周邊商品拼命生產，可以說是一個 A 咖的藝人了。

最近有媒體幫他估算年營業額，初步估計可能會高達 7 億 2000 萬日元！

最特別的是船梨精並非像熊本熊一樣是由政府機關或團體操盤推廣，他是從一個素人在 Youtube 上面發布影片開始發跡的。

船梨精的賣點就在於他獨特又瘋狂的角色設定，而這個外觀也符合「瘋狂」的形象。大家可以看到他超強的體力與彈跳能力，完全跳脫一般人對吉祥物可愛又溫和的形象。

值得一提的就是「船梨精」一開始所有的活動安排、影片拍攝、宣傳與行銷都是「船梨精」本人自己安排搞定的。而且船梨精是船橋市「非官方認定」的吉祥物，他明明沒有接受官方的邀請，還會自己掏腰包幫忙船橋市的地方推廣活動，相當另類。

船梨精的品牌不但有漫畫、動畫、音樂專輯、遊戲、活動、代言、廣告、電視通告、周邊商品的加持，現在還開始要往國際發展，船梨精完全是素人變大明星的典範。

其他素人成功的布偶裝行銷案例還有滿月超人與打掃貓（にゃんそーじ），這兩個角色的特色都是穿著布偶裝到不同的景點掃地、撿垃圾。

兩個角色雖然都在撿垃圾，但是行銷角色的方式完全不同。

★滿月超人是走個人演藝路線，以吉祥物的身分參加活動、媒體採訪為主。

★打掃貓則是清潔仲介公司的企業吉祥物，公司的營運以仲介打掃人員作為主要服務項目。

滿月超人的理念是，藉由清理環境來洗滌人心，引發更多人一起來美化這個世界，讓世界更美好，所以他會到處掃地幫忙清理地球。

滿月超人是有計劃性經營的角色，不但在網站上面有許多滿月超人的影片，也有部落格、推特帳號。他的行銷方式很特別，會在官網上面列出掃地的地點清單，粉絲

→ 截圖自滿月超人官網：http://mangetsu-man.com/

可以到他預定要打掃的地點找到他，有許多粉絲會前往他出沒的地點跟滿月超人照相，一起打掃街道，一起為地球祈福，連報章媒體也採訪過滿月超人。

一樣是打掃環境，打掃貓的經營方式與滿月超人不一樣。在打掃貓的網站上不但有搜尋打掃人員的功能，還有清潔小撇步的文章、連打掃貓的四格漫畫也是以清潔環境為主題。目的就是要把打掃貓推廣成為打掃的專家，再藉由打掃貓的名氣來建立一個清潔公司的品牌。

→ 截圖來自打掃貓（にゃんそーじ）官網：http://nyansoji.tokyo/

如果你有一個布偶裝角色，不論平常出去發 DM、店裡辦活動吸引人潮、拍照、錄影上傳社群網站都非常方便。因為布偶裝需要先投資一筆金額，你一定要做好角色企劃，並且有決心會持續在你的社群發布照片和影片，好好經營這個角色。

6.5 從推動地方觀光學角色行銷

角色很適合來推動觀光與帶動地方經濟，我在這個章節會介紹一個地方觀光的案例——熊本熊，其中很多行銷概念和操作手法也可以活用在你的行銷活動上。

6.5.1 熊本熊的成功方程式

熊本熊在國內外都非常知名，相關的周邊商品授權、代言、活動邀約不斷之外，更創造了上億元的品牌價值。

熊本熊的成功有非常多的因素，總歸起來有以下幾點：

★ 縣政府的全力支援。

★ 有明確的行銷目標。

★ 善用媒體的戰略。

★ 活用社群媒體。

★ 有親和力的角色設計。

★ 無版權的免費使用角色。

縣政府的全力支援

為了振興地方觀光，熊本縣政府還成立專門行銷熊本熊的「熊本熊小組」，有策略性的進軍角色市場，到後來熊本熊也正式成為熊本縣政府的「營業部長」，開始 連串的公關活動。

有明確的行銷目標

一開始熊本縣政府的策略就是從日本的關西地方吸引人搭乘新幹線來到熊本縣，鎖定的第一個目標就是提升熊本熊在大阪的知名度，因此熊本熊一開始的行銷活動都是在大阪進行。

結合社群的行銷活動

在這裡為大家介紹幾個在大阪關鍵性的行銷活動：「熊本熊神出鬼沒大作戰」與「尋找熊本熊大作戰」。

★「熊本熊神出鬼沒大作戰」

這個行銷活動的核心目標就是要讓更多人認識熊本熊，採用的方式就是讓熊本熊在大阪發送一萬張「名片」，其中有 32 款不同的名片設計，每一個名片上的文字都很有梗。

「我這樣也算是公務員？」

「照片，讓你照到飽。」

「我還是可以很敏捷的活動。」

「我不是公的，我是男孩！」

「我也算是在工作中！」

活動成果非常好，這些名片不但被上傳到社群媒體上面瘋狂轉載，還被新聞報導，造成不小的話題。

★「尋找熊本熊大作戰」

接下來的第二波活動，也是熊本熊成名的關鍵。這個活動簡單來說，就是由熊本縣的知事（縣政府的首長）發布了一個記者會，告訴大家熊本熊在大阪發送一萬張名片之後，被大阪的魅力吸引後失蹤了，希望大阪的民眾可以幫忙尋找熊本熊的下落，如果有人看見熊本熊，請他們到 Twitter 上面發布線索。

這個時候熊本熊就在大阪各地現身，許多在大阪目擊到熊本熊的民眾就和熊本熊照相並且發布消息，在社群上面造成很大的迴響！這是讓熊本熊一舉成名，開始品牌化的關鍵性活動。

這個活動之所以能夠成功，是跟這位由知事願意全力配合召開這個若有其事的記者會有很大的關係，還有社群網路的龐大宣傳效果。最重要的，這也是一種「遊戲化」的手法，把尋找熊本熊變成一種社群遊戲，這個概念和 Pokémon GO 非常接近。

Pokémon

無版權的免費使用角色

無授權費用，讓人免費使用角色是讓熊本熊獲得巨大成功的一大要素。一般來說，讓別人使用角色的時候收取費用是很正常的事情，熊本熊卻是採用免費的方式。

熊本縣政府的目的只是要能夠讓熊本縣能夠繁榮。愈多熊本熊的相關周邊商品與合作代言，就代表熊本熊有更多展露的機會。

也因為這個原因，熊本熊相關的商品收益居然從 2011 年的 25.1 億日圓，達到 2013 年的 449 億 4500 萬日圓。

真的是一個很會賺錢和曝光的營業部長，真令人佩服。

 還有許多角色行銷的案例請到我的網站 http://niniart.com/blog2/ 查詢。

掃描即送超值贈品

Gotcha!

結語
玩出好行銷

在資訊爆炸的網路時代，
好玩、吸睛又吸引人的行銷企劃
才能夠捕捉客戶的目光，
從眾多訊息中脫穎而出。
「好玩」，是成功的關鍵！

這本書介紹 Pokémon GO 帶來的龐大商機以及可以活用在不同領域的行銷策略，也談到如何把遊戲化、角色、故事的元素帶進行銷活動中，讓整個行銷活動變好玩又吸引人。

Pokémon GO 會造成風潮最重要的原因，就是好玩！

人類自古就開始玩遊戲，最早從羅馬時代的遺物就可以看出蛛絲馬跡，「玩」是一個我們很喜歡也很自然就會被吸引的行為。我們從小就喜歡玩，小時候喜歡跟兄弟姐妹以及朋友們一起玩辦家家酒、躲貓貓、123 木頭人，長大後喜歡玩撲克牌、下棋、打球、打電動，總之在我們的生活中少不了「玩」的元素。

不論年紀，每個人的內心都住著一個小孩，不同的只是隨著年齡變大，想玩的東西不一樣而已。

　　小時候玩汽車模型，長大後玩跑車；

　　小時候玩樂高，長大後玩建築；

　　小時候玩娃娃，長大後收集娃娃。

相信看到熱門的寶可夢出現時的興奮感，以及捕捉成功時的這份喜悅是不分年齡的。

隨著未來擴增實境、虛擬實境、混合實境的科技愈來愈成熟，現實與虛擬的世界會愈來愈融合，整個「現實生活就是遊戲」的世界即將來臨，從 Pokémon GO 的風潮就可以看到未來發展走向。

有些人可能會擔心科技帶給人負面的影響，當通訊軟體出現的時候也有人諷刺很多人見面都在滑手機，通訊軟體會導致人們疏離。但是換個角度想，有多少人因為有了通訊軟體，可以和遠在國外的親朋好友聯繫？又有多少人因為有了通訊軟體，可以找到很久不見的朋友開始聯繫？

遊戲的評論不一，也有人抨擊這款遊戲會把人變成沉迷於遊戲的「喪屍」，甚至還出現陰謀論，說這款遊戲的目的是要讓玩家沉迷其中，弱化一個國家？！

我在公園抓寶的時候，曾經看見一家四口開心的一起抓寶，也看見原本不認識的玩家打招呼聊遊戲，更看到三五好友聚集打道館討論策略。我更相信大家在玩遊戲的時候臉上露出的那份如孩童般純真的笑容是最單純且美好的。

這款遊戲有拉近彼此距離、打破隔閡、讓大家一起探險抓寶的能力，遊戲本身都是中立的，如何善用遊戲而不是被遊戲控制才是我們需要思考的方向。

國內外有許多動物之家開放讓玩家一邊抓寶一邊帶毛小孩散步，這就是善用遊戲與科技讓生活更美好的案例。

當虛實整合的時代來臨，人類的生活和消費的模式會完全不同，許多之前只在科幻電影出現的場景即將進入我們的生活。未來我們會極度需要「世界設計師」和「遊戲化設計師」來打造更好的虛實整合世界，許多想法天馬行空、有創造力的孩子們將會找到適合他們的舞台來發揮。在這

裡邀請大家用更開放和正面的心態來面對這些科技，學習新的消費模式和行銷方式，站在新時代的前端。因為我們無法阻止巨浪的來襲，但是我們可以學習如何站在巨浪的頂端駕馭它，並且利用它的力量來創造出我們要的世界！

不論科技如何進步，行銷的對象都是人，成功關鍵就是讓整個活動變得好玩，帶給參與者歡樂與喜悅，一起創造一個好玩的世界。

未來我會持續關注寶可夢行銷、遊戲化，以及角色行銷的相關訊息，也會在我的網站、粉絲團、Line@ 群組發布最新的文章。除了分享最新訊息，也會介紹更多成功的行銷案例以及各種方便的開發工具給大家，非常歡迎你將自己的成功案例與我分享，希望我們每一個人都可以玩出最精彩的行銷遊戲！

想持續接收到我對寶可夢行銷、遊戲化行銷，以及角色行銷方面最新資訊的朋友，歡迎加入我的公眾平台！

Line@ 好友

微信公眾號

A.1 寶可夢分布圖

目前官方並沒有公布寶可夢分布圖以及補給站、道館的分布圖,只能從第三方的服務獲取資訊。由於提供寶可夢分布圖的網站大多是靠玩家回報資訊,越多人使用就越準確,但是不保證百分之百正確。

大家找寶貝

網址:http://pkget.com/
針對台灣寶可夢分布地圖的服務網站,中文化的界面方便台灣的玩家抓寶。

➡ 本頁圖片來源:http://pkget.com/

PokeRadar

電腦版網址：http://www.pokemonradargo.com/

手機版：到 Apple sotre ／ Google play 搜尋「PokeRadar for Pokémon GO」

使用人數眾多，除了電腦版之外也有手機版 APP，除了可以看到哪裡會出現寶可夢之外，還有進階功能可以分類過濾寶可夢，以及預估多久之後寶可夢會消失。這是目前比較主流的寶可夢地圖，但較可惜的是無法查看補給站和道館的位置。

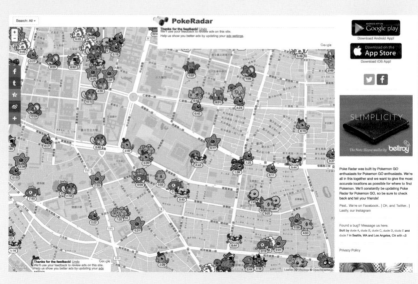

➡ 本頁圖片來源：http://www.pokemonradargo.com/

266

Go Radar

網址：http://goradar.io/

Go Radar 目前只有 iOS 版本，準確度也非常高，你可以過濾掉你不想抓的寶可夢，只讓地圖上出現你想抓的寶可夢，當你想抓的寶可夢出現的時候也可以設定提醒功能。

在 APP 裡面可以選擇要看補給站和道館的位置，但是我目前實測並無法看到補給站和道館，或許日後會有更新，值得觀察。

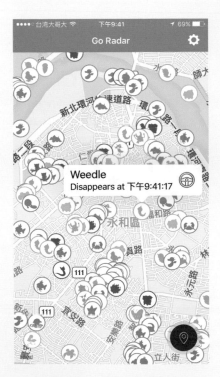

➡ 本頁圖片來源：截圖自手機畫面。

A.2 補給站與道館分布圖

Pokémon Go Map

網址：http://www.pokemongomap.info
可以查詢全球所有的補給站和道館的位置，打開地圖之後
在右上角的「Search」按鈕輸入國家或城市就可以查詢當
地的補給站和道館位置。藍色代表補給站；橘色代表道館。
請大家特別注意，地圖的左邊會有一個讓你輸入帳號的地
方，但是你並不用輸入你的帳號資訊就可以查詢地圖，千
萬不要輸入你的帳號，避免個資外洩以及被官方無故封鎖
帳號的問題。

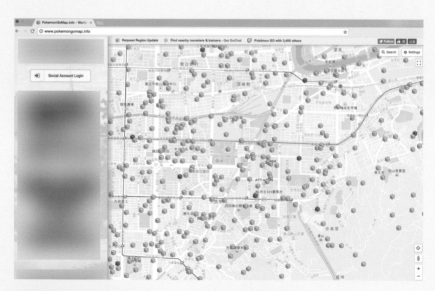

➡ 圖片來源：Pokémon Go Map：http://www.pokemongomap.info/

A.3 熱門寶可夢清單

人氣寶可夢	
❖ 皮卡丘（Pikachu）	❖ 伊布（Eevee）
❖ 傑尼龜（Squirtle）	❖ 超夢（Mewtwo）
❖ 妙蛙種子（Bulbasaur）	❖ 卡比獸（Snorlax）
❖ 小火龍（Charmander）	❖ 胖丁（Jigglypuff）
❖ 鯉魚王（Magikarp）	❖ 大蔥鴨（Farfetch'd）
❖ 可達鴨（Psyduck）	❖ 風速狗（Arcanine）

網路推薦保衛道館前十名
❖ 卡比獸（Snorlax）
❖ 快龍（Draonite）－迷你龍的進化版
❖ 水精靈（Vapoeon）－伊布的進化版
❖ 拉普拉斯（Lapras）
❖ 暴鯉龍（Gyarados）－鯉魚王的進化版
❖ 水箭龜（Blastoise）－傑尼龜的進化版
❖ 快拳郎（Himonchan）
❖ 嘎拉嘎拉（Marowak）－可拉可拉的進化版
❖ 吉利蛋（Chansey）
❖ 胖可丁（Wigglytuff）－胖丁的進化版

A.4 易捕獲且值得培養的寶可夢

研究寶可夢的進化表後發現有許多平常比較容易抓，又值得培養的寶可夢。除了追求快龍、卡比獸之外，越來越多玩家開始培養其他寶可夢，畢竟想打贏道館至少也要有 6 隻不錯的寶可夢才上得了檯面。如果想培育這些寶可夢，就要捕捉很多最初形態的寶可夢；想得到噴火龍就需要捕捉多隻小火龍來進化。所以對玩家來說這些寶可夢也很值得抓，如果你的商店地點不會出現稀有寶可夢，那就用以下這些寶可夢來吸引客戶。

寶可夢名稱	進化後
妙蛙種子（Bulbasaur）	妙蛙花（Venusaur）
小火龍（Charmander）	噴火龍（Charizard）
傑尼龜（Squirtle）	水箭龜（Blastoise）
尼多蘭（Nidoran♀）	尼多后（Nidoqueen）
尼多朗（Nidoran♂）	尼多王（Nidoking）
皮皮（Clefairy）	皮克西（Clefable）
走路草（Oddish）	霸王花（Vileplume）
可達鴨（Psyduck）	哥達鴨（Golduck）
卡蒂狗（Growlithe）	風速狗（Arcanine）

寶可夢名稱	進化後
蚊香蝌蚪（Poliwag）	快泳蛙（Poliwrath）
腕力（Machop）	怪力（Machamp）
喇叭芽（Bellsprout）	大食花（Victreebel）
瑪瑙水母（Tentacool）	毒刺水母（Tentacruel）
小拳石（Geodude）	隆隆石（Graveler）
呆呆獸（Slowpoke）	呆河馬（Slowbro）
臭泥（Grimer）	臭臭泥（Muk）
蛋蛋（Exeggcute）	椰蛋樹（Exeggutor）
鯉魚王（Magikarp）	暴鯉龍（Gyarados）
拉普拉斯（Lapras）	－
伊布（Eevee）	水精靈（Vaporeon）
	雷精靈（Jolteon）
	火精靈（Flareon）
卡比獸（Snorlax）	－
迷你龍（Dratini）	快龍（Dragonite）

Gotcha！

A.5 道具清單

道具英文名稱	道具中文名稱	功能	獲得方式
Poké Ball	寶貝球	捕捉寶可夢用	補給站、遊戲商店
Great Ball	高級球	捕捉成功率比寶貝球高	補給站
Ultra Ball	超級球	捕捉成功率比高級球高	補給站
Razz Berry	樹莓	讓寶可夢比較容易被捕捉（降低抵抗性）	補給站
Incense	熏香	吸引寶可夢出現，個人使用，30 分鐘	遊戲商店
Lure Module	誘餌裝置	吸引寶可夢出現，補給站使用，附近玩家都受益，30 分鐘	遊戲商店
Lucky Egg	幸運蛋	經驗值加倍，30 分鐘	遊戲商店
Egg	寶貝蛋	可孵出寶可夢	補給站
Egg Incubator ∞	無限孵蛋器	沒有使用次數限制的孵蛋器	玩家自帶（只有 1 個，無限使用）

道具英文名稱	道具中文名稱	功能	獲得方式
Egg Incubator	孵蛋器	能與其他孵蛋器同時使用，3 次後破裂	遊戲商店
Potion	藥水	恢復寶可夢 20 生命值	補給站
Super Potion	超級藥水	恢復寶可夢 50 生命值	補給站
Hyper Potion	超高級藥水	恢復寶可夢 200 生命值	補給站
Max Potion	全滿藥水	恢復寶可夢 全部生命值	補給站
Revive	復活石	解除寶可夢的瀕死狀態並恢復一半生命值	補給站
Max Revive	特級復活石	解除寶可夢的瀕死狀態並恢復全部生命值	補給站
Candy	糖果	提升寶可夢 CP 或是進化時使用	傳送、孵化、捕捉寶可夢
Stardust	星塵	提升寶可夢 CP 時使用	孵化、捕捉寶可夢
Bag Upgrade	背包升級	增加背包容量 50	遊戲商店
Pokémon Storage Upgrade	寶可夢儲存空間升級	增加可攜帶寶可夢數量上限 50	遊戲商店

A.6 評價好壞懶人包

當玩家等級達到 Level 5 之後，可以在道場選擇陣營加入。等加入陣營之後，就可以請陣營隊長為你的寶可夢評價。評價總共有四個等級，原則上只要培養「最棒」或「不錯」兩個等級的寶可夢，其他兩個等級的寶可夢都可以傳送去給博士換糖果。隊長還會針對寶可夢的特質做更深入的分析，休閒玩家只需知道哪些要送走，哪些需要留下來就足夠了。若你想更深入了解進階的鍛鍊方法，可以上網搜尋各種遊戲攻略情報。

黃隊

最棒

Overall, your（寶可夢名稱）looks like it can really battle with the best of them!

不錯

Overall, your（寶可夢名稱）is really strong!

Overall, your（寶可夢名稱）is pretty decent!

普通

Overall, your（寶可夢名稱）has room for improvement as far as battling goes.

弱

紅隊

最棒

Overall, your （寶可夢名稱） simply amazes me. It can accomplish anything!

不錯

Overall, your （寶可夢名稱） is a strong Pokémon. You should be proud!

Overall, your （寶可夢名稱） is a decent Pokémon.

普通

Overall, your （寶可夢名稱） may not be great in battle, but I still like it!

弱

藍隊

最棒

Overall, your（寶可夢名稱） is a wonder! What a breathtaking Pokémon!

不錯

Overall, your（寶可夢名稱） has certainly caught my attention.

Overall, your（寶可夢名稱） is above average.

普通

Overall, your （寶可夢名稱） is not likely to make much headway in battle.

弱

為什麼
你還是窮人？創業如何從0到1
創業・經驗・分享　Startup + Experience + Sharin

1950 年代美國加州發現大量黃金儲量，隨之迅速興起了一股淘金熱。農夫亞默爾原本是跟著大家來淘金一圓發財夢，後來他發現這裡水資源稀少，賣水會比挖金更有機會賺錢，他立即轉移目標──賣水。他用挖金礦的鐵鍬挖井，他把水送到礦場，受到淘金者的歡迎，亞默爾從此很快便走上了靠賣水發財的致富之路。

每個創業家都像美國夢的淘金客，然而真正靠淘金致富者卻很少，實際創業成功淘金的卻只占少數，更多的是許多創新構想在還沒開始落實就已胎死腹中。

創業難嗎？只要你找對資源，跟對教練，創業不 NG！

師從成功者，就是獲得成功的最佳途徑！
不論你現在是尚未創業、想要創業、或是創業中遇到瓶頸

你需要有經驗的明師來指點──**應該如何創業，創業將面臨的考驗，到底要如何來解決──王擎天博士就是你創業業師的首選**，王博士於兩岸三地共成立了**19**家公司，累積了豐富的創業知識與經驗，及獨到的投資眼光，為你準備好創業攻略與方向，手把手一步一步地指引你走上創富之路。

好創意　新技術　有熱情　→　名師指引　團隊支援　→　創業保證成功

2017八大明師創業培訓高峰會

Step1	Step2	Step3	Step4	祝！
想創什麼業？	你合適嗎？	寫出創業計畫書	創業，我挺你！	創業成功！

你創業我相挺！你想創業嗎？

這是創業最好的時代，如今的創業已從一人單打獨鬥的場面轉變為團隊創業、創意創業。每個創業家都像故事中的淘金客，而**王擎天博士主持的創業培訓高峰會、Saturday Sunday Startup Taipei ,SSST、擎天商學院實戰育成中心**就是提供水、挖礦工具和知識、資訊等的一切軟硬體支援，為創業者提供創業服務。為你媒合一切資源，提供關鍵的協助，挺你到底！

2017 SSST 創業培訓高峰會 StartUP@Taipei

活動時間：2017 ▶ 6/3、6/24、6/25、7/8、7/9、7/22、7/23、8/5

—— **Startup Weekend！ 一週成功創業的魔法！** ——

★**立即報名**★ → 報名參加 2017 SSST 由輔導團隊帶著你一步步組成公司，上市上櫃不是夢！**雙聯票推廣原價：49800** 元
早鳥優惠價：9900 元 (含 2017八大八日完整票券及擎天商學院 EDBA 20堂秘密淘金課)

★**參加初選**★ → 投遞你的創業計畫書，即有機會於 SSST 大會上上台路演，當場眾籌！

有想法，就來挑戰～創業擂台與大筆資金都等著你！

初選 投遞你的 創業計畫書	**書面審查** 評選出 50 名 參加複賽決選	**決選路演** 在創業競賽大會上 簡報你的創業計畫
給你一切 的支援	**業師輔導** 財務規劃、法律、 行銷等諮詢輔導	**資源媒合** 現場對接投資金、 人脈、媒合人才
成立公司 上市或上櫃	這場盛會，將是 **改變你** 人生的起點！	

課程詳情及更多活動資訊請上官網 ▶ 新絲路網路書店

http://www.silkbook.com

內含史上最強「創業計畫書」

「眾籌」成潮，

眾籌將是您實踐夢想的舞台！

眾籌（Crowd funding）
創業趨勢近年火到不
行，獨立創業者以小
搏大，對公眾展示他們
的創意，爭取大家的支
持，進而獲得所需的資金
援助。眾籌開放、門檻低、提
案類型多元、資金來源廣泛的特
性，為更多小本經營或創作者提供
了無限的可能，籌錢籌人籌智籌資
源籌……，無所不籌。且讓眾籌幫
您圓夢吧！

- ✅ 終極的商業模式為何？
- ✅ 借力的最高境界又是什麼？
- ✅ 如何解決創業跟經營事業的一切問題？
- ✅ 網路問世以來最偉大的應用是什麼？

以上答案都將在王擎天博士的「眾籌」課程中一一揭曉。在大陸被譽為兩岸培訓界眾籌第一高手的王擎天博士，已在中國大陸各地開出眾籌落地班計30梯次，班班爆滿！一位難求！現在終於要在台灣開課了！！

課程時間 2017▸7/22～7/23（每日09:00～18:00於中和采舍總部三樓NC上課）

課程費用 ~~29800元~~，本班優惠價**19800**元，含個別諮詢輔導費用。

課程官網 新絲路網路書店 www.silkbook.com

王道
79000PV
會員免費

二天完整課程，手把手教會您眾籌全部的技巧與眉角，課後立刻實做，立馬見效。

「能寫」又「會說」，你就是個咖！

成為專家最快的捷徑：
一是出書、二是演講 !!

角色經濟 X 遊戲化
行銷實戰班！

拆解寶可夢成功方程式，掌握 角色經濟 X 遊戲化
行銷新趨勢！

理論&實作完整課程，教你如何吸引客戶，
增加客戶黏著度並且帶來人潮！

課程內容

- 學習如何運用寶可夢行銷，規劃出最適合你的寶可夢行銷計劃！
- 活用遊戲設計的元素，企劃好玩的行銷活動！
- 打造自己的品牌角色代言人，讓你的品牌脫穎而出！
- 學習簡單好用的動畫軟體，讓你馬上能夠發布超吸睛的社群貼文！

《第一梯次》 錢進寶可夢商機，Gotcha！
誘捕客戶大作戰，角色X遊戲化行銷實戰班
2016 / 12 / 17（六）~ 2016 / 12 / 18（日）

《第二梯次》 錢進遊戲化趨勢商機，角色X遊戲化行銷實戰班
錢進寶可夢商機，誘捕客戶大作戰！
2017 / 8 / 26（六）~ 2017 / 8 / 27（日）

《課程地點》 新北市中和區中山路二段366巷10號3F（采舍國際）

詳細課程資訊請上新絲路網路書店查詢 www.SilkBook.com

掌握最新的
角色經濟 X 遊戲化
行銷新趨勢！

最新資訊與研究：niniart.com

我會在網站不定期更新各種相關資訊，未來也會發布課程與講座訊息，歡迎對「寶可夢行銷」、「角色行銷」以及「遊戲化行銷」有興趣的朋友們一起來交流、學習！

謝昊霓 NiNi

長年觀察動漫產業與遊戲產業，對於「角色經濟」與「遊戲化」（Gamification）有深入的研究。擅長使用各種開發工具，把創意製作成為各式各樣的數位內容！

🌐 www.niniart.com ✉ nini@niniart.com

課程、講座與顧問諮詢

- 對於課程有興趣的朋友們請到我的網站或訂閱「Line@好友」接收最新消息。

- 課程、講座邀約或顧問諮詢請直接與我聯繫！

課程&講座主題

寶可夢行銷
遊戲化趨勢 & 行銷
角色企劃 &行銷

微創業工具課程

手繪影片
商用2D動畫
Line 動態貼圖
簡報軟體運用
電腦繪圖

顧問諮詢

寶可夢行銷
遊戲化行銷
角色代言企劃
企業吉祥物企劃
故事主題規劃

NiNi 網站

加 LINE@ 好友

NiNi角色行銷工作室 卡通貼圖

雪逗人- 團隊激勵貼圖

兩套團隊激勵專用貼圖「雪逗人三階段大冒險」、「雪逗人團隊激勵向前衝」，把團隊奮鬥從開始的鬥志滿滿、中途挫折到最後達標的過程完整呈現！不論你在哪一個行業，這兩套貼圖都可以激勵你的團隊共創佳績！

開運小福- 好運祝福篇

「開運小福」是會為人帶來好運的小福神，超實用的福氣貼圖，方便你跟親朋好友們噓寒問暖、祝福與問候！

掃描QR條碼或到以下連結看全部貼圖：
http://goo.gl/RvFPby

CrazyTalk® 8

快速學習 揮灑創意

簡單易用 2D & 3D 動畫工具

一張照片開口說話動起來

漫畫頭像

寵物頭像

繪畫頭像

全新建頭工具 –
輕鬆利用 2D 照片產生 3D 頭部

搭配 CrazyTalk 8 Pipeline 內建可分享的模組
設計，全新 3D 頭部創作工具即可快速且直接
的在CrazyTalk 8 和 iClone 6 間操作使用。
此外，不僅 3D 網格面和貼圖可被輸出到 iClone，
使用者更可以透過CrazyTalk 8 來編輯和分享相同
的說話腳本。

REALLUSION®
甲尚科技

【全民瘋抓寶 @ 錢進寶可夢商機】
Pokémon GO Plus 手環抽獎活動
憑書內活動表格 + 購書發票 即可抽大獎

【全民瘋抓寶 @ 錢進寶可夢商機】

Pokémon GO Plus 手環抽獎活動

姓名：＿＿＿＿＿＿＿＿＿＿

聯絡電話（市話／手機）：＿＿＿＿＿＿＿＿＿＿＿＿＿

寄送地址：＿＿＿＿＿＿＿＿＿＿＿＿＿＿＿＿＿＿＿＿

你是在什麼管道購買到這本書的呢：＿＿＿＿＿＿＿＿＿＿

★活動辦法

1. 購買本書後，請於上方活動表格中填寫完整的個人資料，連同「購書發票」或「出貨單」一併拍照，於活動時間內（出版日起至 2017/2/28 止）email 至 sell@book4u.com.tw。

2. 出版社將於活動結束後抽出 3 位中獎人，一周後於新絲路網路書店公布得獎人名單，並由專人電話聯絡中獎人，確認聯絡資訊無誤後寄送贈品。

3. 活動辦法詳見本書活動頁：

★注意事項

※ 本次活動期間：出版日起至 2017/2/28 止，逾期恕不受理。

※ 為維護所有活動參加者之權利，活動辦法中若有任一項未確實達成，則視為未完成報名。

※ 本活動辦法若有未盡事宜，出版社擁有保留修改之最終權利，修改訊息將於新絲路網路書店 www.silkbook.com 上公布，不另行通知。

國家圖書館出版品預行編目資料

全民瘋抓寶@錢進寶可夢商機 / 謝昊霓 NiNi 著.
-- 初版 . -- 新北市：
2016.11　面；公分　（優智庫；56）

ISBN 978-986-90494-4-3（平裝）

1. 品牌行銷　　2. 行銷策略

496　　　　　　　　　　　　　　　105017277

全民瘋抓寶@
錢進寶可夢商機

智慧的銳眼

本書採減碳印製流程
並使用優質中性紙
（Acid & Alkali Free）
通過綠色印刷認證，
最符環保需求。

著 作 人 ▶ 謝昊霓 NiNi
內容編輯 ▶ 謝昊霓 NiNi　　　　　特約編輯 ▶ 劉子頤
文字編輯 ▶ Jewel　　　　　　　　美術設計 ▶ MoMo、Jimmy

郵撥帳號 ▶ 50017206 采舍國際有限公司（郵撥購買，請另付一成郵資）
台灣出版中心 ▶ 新北市中和區中山路 2 段 366 巷 10 號 10 樓
電　　話 ▶（02）2248-7896　　　　傳　　真 ▶（02）2248-7758
I S B N ▶ 978-986-90494-4-3　　　出版日期 ▶ 2016 年 11 月

全球華文市場總經銷 ▶ 采舍國際有限公司
地　　址 ▶ 新北市中和區中山路 2 段 366 巷 10 號 3 樓
電　　話 ▶（02）8245-8786　　　　傳　　真 ▶（02）8245-8718

新絲路網路書店
地　　址 ▶ 新北市中和區中山路 2 段 366 巷 10 號 10 樓
電　　話 ▶（02）8245-9896　　　　網　　址 ▶ www.silkbook.com

創見文化 facebook https://www.facebook.com/successbooks

本書由著作人透過全球華文聯合出版平台（www.book4u.com.tw）印製，並委
由采舍國際有限公司（www.silkbook.com）總經銷。

線上總代理　■　全球華文聯合出版平台　www.book4u.com.tw　　◉ 新絲路讀書會
紙本書平台　■　http://www.silkbook.com　　　　　　　　　　　◉ 新絲路網路書店
電子書平台　■　http://www.book4u.com.tw　　　　　　　　　　 ◉ 華文電子書中心

B 華文自資出版平台　　全球最大的華文自費出版集團
www.book4u.com.tw
elsa@mail.book4u.com.tw　　專業客製化自助出版‧發行通路全國最強！
mybook@mail.book4u.com.tw